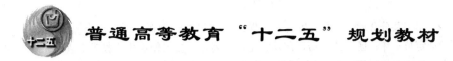

普通高等教育"十二五"规划教材

煤矿生产组织管理

夏均民　刘锋珍　马同禄　编

北　京

冶金工业出版社

2015

内 容 提 要

本书共分9章，主要内容包括：煤矿生产组织管理概述；劳动定额管理；劳动定员工作；区（队）劳动组织；生产计划；采掘工作面生产技术管理；采掘工作面正规循环作业组织；采掘工作面设备管理；采掘工作面物资管理。

本书为煤炭类高等院校采矿工程及管理专业的教材，也可作为煤炭企业相关专业人员的培训教材和参考书。

图书在版编目（CIP）数据

煤矿生产组织管理/夏均民等编 . —北京：冶金工业
出版社，2015.9
ISBN 978-7-5024-7023-4

Ⅰ.①煤… Ⅱ.①夏… Ⅲ.①煤矿开采—生产管理
Ⅳ.①TD82

中国版本图书馆 CIP 数据核字（2015）第 201219 号

出 版 人　谭学余
地　　址　北京市东城区嵩祝院北巷 39 号　邮编　100009　电话　（010）64027926
网　　址　www.cnmip.com.cn　电子信箱　yjcbs@cnmip.com.cn
责任编辑　俞跃春　廖　丹　贾怡雯　美术编辑　彭子赫　版式设计　孙跃红
责任校对　禹　蕊　责任印制　李玉山
ISBN 978-7-5024-7023-4
冶金工业出版社出版发行；各地新华书店经销；固安华明印业有限公司印刷
2015 年 9 月第 1 版，2015 年 9 月第 1 次印刷
787mm×1092mm　1/16；10.75 印张；257 千字；161 页
28.00 元
冶金工业出版社　投稿电话　（010）64027932　投稿信箱　tougao@cnmip.com.cn
冶金工业出版社营销中心　电话　（010）64044283　传真　（010）64027893
冶金书店 地址　北京市东四西大街 46 号（100010）　电话　（010）65289081（兼传真）
冶金工业出版社天猫旗舰店　yjgycbs.tmall.com
（本书如有印装质量问题，本社营销中心负责退换）

前　言

很久以来，采矿工程类专业的企业管理课教材注重的是理论讲授，往往是从宏观和决策性方面来研究煤炭工业企业的管理。然而对学校毕业的学生而言，却往往是先在煤炭企业的基层工作，他们在进入企业的决策层之前，最先需要的是在企业基层工作的历练，做好企业的基层管理工作，这就需要他们掌握一线生产的管理知识，为以后的发展打下良好的基础。

本书是根据煤炭企业的实际情况，结合煤炭企业基层管理的具体特点而编写的。其内容以讲解生产组织和技术管理为主，以提高学生的组织和管理能力为重点，围绕煤矿基层管理过程中组织、计划、控制三方面内容，对矿井采掘生产一线的人员、设备、物资材料方面的管理进行重点的阐述。在人员的组织上，通过劳动定额、劳动定员和劳动组织较细致的论述，可以解决生产活动组织管理中，每个职工完成多少工作量比较合适、这项生产活动由哪些人员来完成，以及这些人员的时间、空间和相互配合等问题。其中，生产的控制工作则突出了对作业规程及技术措施文件的编制、正规循环作业组织的基础管理内容。

由于水平有所限，书中有不妥之处，敬请读者批评指正。

编　者

2015 年 6 月

目　　录

1 煤矿生产组织管理概述

煤矿生产管理的含义有狭义与广义的区别。

狭义的生产管理是指从投入人力、材料和设备开始，经过井拓、掘进、回采、运输、提升、洗选等生产过程，到煤炭进入仓库转入流通领域为止的全生产过程的管理。

广义的生产管理，不仅包括对煤炭基本生产过程的管理，而且包括地质、测量、开采设计、各种技术文件与定额的制订、生产计划的编制、劳动力的培训和配备、原材料和动力的组织与供应等生产准备与生产服务过程的管理。它包括矿井通风、排水，机电设备与井巷的使用与维修等辅助生产过程的管理，还包括工程质量、产品质量、安全生产、信息的输入与反馈，以及调度工作等与煤炭产品生产密切相关的各项管理工作。这些管理工作又根据其在生产进程的不同阶段及不同特点，由相关职能科室及区（队）来完成。而矿井一线生产活动的组织与管理则是由相关区（队）来完成。

1.1 矿井生产过程组织

1.1.1 矿井生产过程

矿井生产过程是指从生产准备开始，直到把煤炭产品生产出来的全部生产活动。矿井生产过程由许多生产环节构成，按照生产环节在产品生产过程中的地位分，矿井生产过程由生产技术准备过程、基本生产过程、辅助生产过程、生产服务过程4个过程所组成。

1.1.2 矿井生产过程的构成

（1）生产环节。矿井生产过程由许多生产环节构成。生产环节是一个相对独立的工艺阶段和局部生产过程，如回采、掘进、运输、通风等。直接参与煤炭产品生产的环节是基本生产环节，虽不直接参与煤炭生产，但却是为基本生产服务、保证基本生产正常进行必不可少的环节为辅助生产环节。为基本生产和辅助生产提供生产性服务的环节为生产服务环节。

（2）工序。每一个生产环节，都由许多道工序所组成。工序是指一个或几个工人在同一工作地点，使用一定的工具和设备，进行同一生产活动的生产过程。按照不同的工序在所属生产环节中的地位和作用，工序可分为基本工序、辅助工序和生产服务工序。以回采环节为例，巷道和设备维修、器材供应是生产服务工序。

（3）作业。每一道工序由许多作业构成。作业是工人在同一工作地点，对同一劳动对象进行加工生产所执行工序的一部分。以采煤机割煤工序为例，该工序包括工作前检查机器、机器注油、割煤前更换截齿、检查电缆、沿工作面伸架电缆、接通电源、割煤、割煤过程中更换截齿、调转机器、割上下缺口、切断电源、收拾电缆、关启动器、交班等多道作业。

（4）操作。每一道作业由许多道操作构成。操作是作业的一部分，是工人为实现作业所进行的一系列动作的总和。以采煤机更换截齿的作业为例，它包括用扳手将固定截齿的螺钉扣住、拧松固定截齿的螺钉、从齿座中取下旧齿、将旧齿放入袋中、自袋中取出新截齿、将新截齿安入截链的齿座内、拧紧固定截齿的螺钉等多道操作。

（5）动作。每一道操作由许多动作组成。动作是人用肉眼所能分辨的劳动的每一个最小的行动。

将矿井生产过程分为环节、工序、作业、操作、动作是合理组织生产的需要，对保证生产持续稳定安全的进行和提高劳动效率有着很重要的作用。

研究环节与工序的协调和配合，是生产过程组织的基本内容。其目的在于合理组织和协调各生产环节和生产工序在空间和时间上的关系，以做到稳产高产和建立安全正常的生产秩序。

研究工序和作业的目的在于制定合理的劳动定额和劳动定员，合理的劳动组织和工资分配，以提高劳动生产率。

研究作业、操作和动作，目的在于推广工人的先进操作方法，改善劳动条件、消除无效劳动、减轻劳动疲劳、提高劳动效率。

矿井生产过程的构成及作用，如图 1-1 所示。

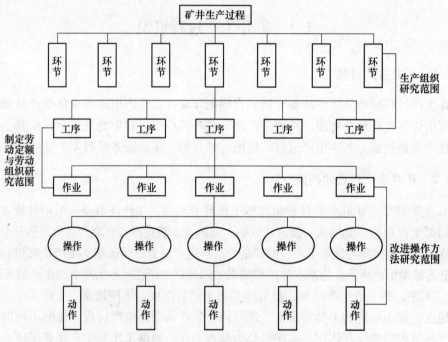

图 1-1 生产过程的构成及作用

1.1.3 矿井生产过程组织的任务

矿井生产过程组织的任务主要有：

（1）安全生产。坚持安全生产，贯彻安全第一的方针，是党和国家对煤炭工业生产的基本政策。煤矿职工是矿山的主人，矿井各级人员必须对所有井下工人的人身安全负责，这是社会进步的体现；其次，发生事故，必然会给国家财产和资源造成重大的损失，必然会给职工思想、心理造成巨大的压力，也必然要影响生产的正常进行；再次，安全生产是矿井生产持续稳产高产的根本保证，也和提高生产的经济效益有着紧密的联系。因此，要搞好生产过程组织，生产区（队）必须把安全生产放在首要的位置，严格工程质量标准和安全质量标准，贯彻执行安全操作规程和各项安全技术组织措施，尽一切努力搞好安全生产。

（2）提高采掘工作面的单产单进，合理集中生产。提高采掘工作面的单产单进，是矿井生产过程组织的重要任务，是煤炭工业生产现代化的主攻方向。提高采掘工作面单产单进，合理集中生产，具有以下好处：

1）能大幅度提高矿井生产能力和矿井产量；

2）能以较低的水平、采区和回采工作面完成全矿的生产任务，能节省大量的设备占用和资金占用；

3）能简化运输、提升、通风系统，能节省大量的岗位固定工种的工人数，提高井下劳动生产率；

4）加快回采工作面推进进度，可减少顶板下沉量、减少回采工作面的支架折损和减少采区巷道的维修量、减少材料消耗；能节省劳动力、缩短在用回采巷道的使用维修期，防止煤层的自燃发火，对降低生产成本和保证安全生产有着重要的作用；

5）达到投入少、占用少、产出多，提高矿井生产经济效益的重要措施。

我国已出现了许多百万吨综采队，日产万吨、年产300万吨以上的综采工作面也不鲜见。中小型矿井和非机采工作面也应采取措施，以提高单产单进。除了采掘区（队）要把这项任务作为组织生产的主攻方向以外，运输、提升、机电等区（队）和全矿各职能部门，各级领导和全体技术人员、管理人员都要为这一目标做出应尽的责任和采取相应的措施。

（3）提高经济效益。提高经济效益是企业最重要的经营目标。一切企业的生产经营活动，都要转到以提高经济效益为中心的轨道上来。煤炭企业中的绝大多数原材料、劳动力和生产用的固定资产都将在矿井生产过程组织中有所消耗，企业一切产品的数量、质量和劳务也通过生产过程组织来实现。因此，合理组织生产、提高劳动生产率、加强材料的回收利用，以最少的投入取得最大的产出，争取最好的经济效益，是生产过程组织的根本任务。

（4）组织均衡生产。在完成生产计划任务的前提下做到均衡生产，防止产量高低波动、前松后紧和突击生产任务，是矿井生产持续、稳定、高产、安全的重要保证，也是衡量生产过程组织工作的质量的重要标志。组织均衡生产，有利于设备和人力的均衡负荷；有利于建立正常的生产秩序和管理秩序；还有利于产供销的平衡衔接。井下生产区（队）应该很好的协调各生产环节和各工序在时间上和空间上的平衡，保持正常的采掘接替，安排好厚薄煤层和采煤机械化的合理搭配，从物质上、技术上和管理上为矿井的均衡生产创造必要的条件。

（5）提高回采率。煤炭是不可再生的自然资源，煤炭资源是国家的宝贵财富。提高回采率可在不增加地质勘探费用和基建投资，不增加生产开拓和采区巷道的情况下，增加煤炭产出量，降低生产每吨煤投资费用和吨煤生产成本；提高回采率还可减轻因井下丢弃煤炭所引起的自燃发火的危险，保证安全生产；在年产量不变的情况下，还可延缓矿井的衰老,增加矿井的服务年限。因此,生产管理部门要高度重视煤炭资源的回收,不要随意丢弃薄煤层、难采区和三角煤,应解决"三下"压煤和呆滞煤量,改进开采方法、开拓方式、巷道布置和采煤工艺,减少煤柱损失,清扫工作面和巷道的浮煤。回采率超过和达到国家煤炭技术政策规定的厚薄煤层,应尽最大可能增加煤炭的采出量。

1.1.4　矿井生产过程组织的基本要求

(1) 生产过程的连续性。煤炭生产过程的连续性表现在如下两个方面:

1) 从采掘工作面落煤开始,经过装煤、运输、提升、洗选加工到进入煤仓为止,始终是连续不断地进行的,很少发生或不发生中断的现象;

2) 煤炭生产的回采、掘进、通风、排水、井下运输、提升、地面洗选等各个生产环节,是始终不间断地工作的,很少发生或不发生中断的现象。

提高生产过程的连续性,是煤矿持续高产的重要措施。产品生产过程的流水线和流水作业是保证产品生产连续性的重要措施。但高度的自动化流水作业,只要其中某一个环节出现故障,就会使生产全部停顿。根据煤矿生产的特点,应把提高各生产环节的连续性放在重要的位置,即应提高机采工作面的开机率,合理安排炮采工作面的放炮次数、放炮面积,协调采煤、支柱、装煤、移溜等工序的配合,做到不间断地出煤。同时,可适当加大采区煤仓和井底煤仓的容量,以保证井下运输、提升和地面洗选等生产环节不受采掘工作面产煤高峰和产煤中断的影响而能连续不断地工作。

(2) 生产过程的均衡性。生产过程的均衡性也称生产的节奏性,是指煤炭生产过程各个生产环节和全矿井在相同的时间间隔内,完成大体相等或稳定上升的煤炭产量。生产的均衡包括一日内各小时产量的均衡,月内各日产量的均衡,年内各月产量的均衡。

(3) 生产过程的比例性。生产过程的比例性包括以下几个方面:

1) 生产过程的各个生产环节、各个工序在生产能力上保持合适的比例和协调平衡;

2) 回采、掘进、开拓的进度以及采、掘、开工作面个数保持合适的比例;

3) 材料、设备、备件等物资供应和电、水、压气等动力供应及生产需要量保持合适的比例,生产过程的比例性是生产连续性和均衡性的必要条件和保证,没有生产过程的合理比例,生产的连续性和均衡性都是无法实现的。

(4) 生产过程的平行性。生产过程的平行性是指各生产环节和各道工序,尽可能实行平行交叉作业,在同一时间内同时工作。煤炭是井下作业,生产空间狭小,生产过程的平行性可以有效地利用空间和时间,缩短生产周期,提高采掘工作面和设备的利用率,提高采掘工作面的单产单进,加快产品的生产。

各生产环节同时平行生产,已为大家所共识。区(队)的重要任务还在于尽一切可能安排好工序和作业的平行进行。例如,回采工作面的落煤与移溜、采煤与支柱、支柱与回柱放顶等,掘进工作面的掘进与支护、打眼与装岩、打眼与支架铺轨等。

1.2　区(队)在矿井生产管理中的地位和任务

1.2.1　生产管理在企业生产经营管理中的地位和作用

生产是工业企业活动的主体,是经营的基础。任何工业企业只有当其能够合理地组织运用各种生产要素，生产出社会需要的产品时，才谈得上经营。企业是一个有机的整体，而企业管理又是一个完整的大系统，由许多子系统所组成。生产管理作为企业管理的一个子系统，是完成企业经营目标的执行性系统，如图1-2所示。

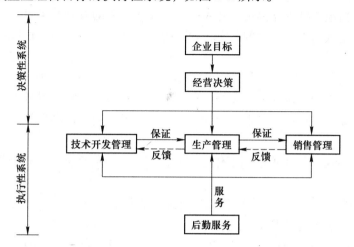

图1-2 生产管理在企业管理中的地位

从图1-2可以看出，经营决策是企业的上层管理，是企业管理的核心，它决定着企业为之奋斗的目标，是企业各个部门和职工的努力方向。而生产管理则是完成企业经营目标的执行性管理，它根据企业经营决策所确定的一定时期内的经营方针、目标、战略和具体生产任务的要求，组织生产活动并保证实现。

科学技术是生产力，它决定着煤炭生产的现代化水平，是高产、安全、低耗的重要保证和后盾。技术开发管理包括为煤炭开采提供先进科技设备的硬科技管理和先进的开采方法、开采工艺、安全技术、技术攻关等软科技管理，是生产管理组织生产活动，实现计划任务必须具备的一项前提条件；生产管理根据生产的需要又可对技术开发管理提出反馈要求。

在生产经营型管理的情况下，销售管理部门必须及时向生产管理部门提供市场需要的产品品种和数量信息；而生产管理部门则决定了销售管理部门能否向社会和用户提供适销对路的合格产品。

以上关系说明，在企业管理系统中，技术开发管理、生产管理、销售管理都是执行性管理，它们是互相促进、互为保证的。政治思想工作和生活后勤管理则为技术开发管理、生产管理和销售管理提供了思想和物质的保证和服务，生产管理处于整个执行性管理系统的中心地位。

1.2.2 生产管理的内容

煤矿生产由相关基层区（队）来完成，煤矿生产管理的重点是煤矿区（队）生产管理。煤矿区（队）生产管理是遵循煤炭工业企业管理的一般原理，结合煤矿区（队）生产的特点和具体条件，按照煤炭工业企业的生产经营目标和生产经营计划，充分利用煤炭资源，合理运用人力、材料、设备和资金，对矿井采煤、掘进、机电、运输、通风等生产区（队）的日常生产活动进行组织、计划和控制的总称。

（1）生产准备的组织工作。煤炭工业生产的一个重要特点，就是生产准备工作非常繁重。它除了地面加工工业所应具备的生产准备工作内容以外，还包括为即将采完的水平、采区、回采工作面准备新的开采场所的工作，否则，生产就无法正常持续地进行。矿井的生产准备工作包括地质勘探和测量、开采设计、作业规程的编制及采煤工艺的确定；劳动力的组织、劳动定额和工资形式的制定，物资的保管和发放、动力的供应；开拓、掘进和机电设备的安装；运输、提升，通风、排水系统的确定；安全技术组织措施的制定等。

（2）生产计划的编制。矿井生产计划的编制工作，包括远景计划、年度生产计划、季度生产计划、月度生产作业计划的编制。年度生产计划包括年度内采掘工程的安排和接替计划、机械化采煤的发展和工作组织计划、产量和进尺计划、产品质量计划、安全技术组织措施计划等。

（3）生产控制工作。生产控制工作是指对执行生产计划任务所进行的管理工作，主要内容有：

1）进度控制工作：包括生产准备工作进度的控制，井下毛煤生产的控制、地面原煤洗选加工的控制，设备与井巷维修进度的控制、重点工程的控制等；

2）安全控制工作：包括水、火、瓦斯、煤尘、顶板等自然灾害的监测和控制，各种安全规程和安全制度，安全措施执行情况的控制，预防与处理各种事故的控制等；

3）质量控制工作：包括各种工程质量标准的控制、产品质量的控制，各项工作质量的控制等；

4）成本控制工作：包括劳动力消耗、物资消耗、动力消耗、费用支出等各种生产性费用的控制。

1.2.3　区（队）在矿井生产管理中的地位和作用

采煤、掘进（开拓）、机电、运输、通风5种生产区（队）是煤矿的基本生产单位和辅助生产单位，是矿井生产管理系统中重要的子系统，是企业执行生产任务的基本单位。生产单位工作的好坏，对矿井生产任务完成和企业经营目标的实现，起着极其重要的作用。采煤区（队）是直接生产煤炭产品的基层区（队），对完成全矿产量任务起着决定性的作用，在矿井生产管理活动中占据中心位置，是矿井生产的中心环节。掘进区（队）为回采创造生产煤炭的场所，因而应贯彻"掘进先行、采掘并举、以掘保采"的方针，它对矿井回采产量任务的完成和全矿生产管理目标的实现起着重要保证作用。运输区（队）、机电区（队）和通风区（队）直接为采掘区（队）服务，是完成矿井采掘任务必不可少的生产环节。采、掘、机、运、通5种区（队），组成了一个生产执行性系统，做好这5种区（队）的生产管理工作，对安全、高产、高效、低耗、高回采率完成矿井生产任务和提高矿井的经济效益起着决定性作用。

1.2.4　区（队）生产管理的任务

生产管理是一个生产转换系统，是一个不断地投入和产出的过程，如图1-3所示。

图1-3说明，要进行生产，必须投入劳动力、原材料、设备等生产要素，同时还必须为生产过程输入生产计划任务、各项技术经济指标、各种工程与安全质量标准等指令性信息。通过生产，可输出产品和劳务，以满足用户的需要，还会输出计划指标和各种标准的

图 1-3　生产管理的投入产出图

完成情况，以及生产过程中所发现的各种问题的反馈信息，以调整下一次的输入。

区（队）生产管理的任务主要有：

（1）执行矿下达的生产任务，确保全面完成和超额完成本区和全矿的生产计划任务和各项技术经济指标；

（2）执行各项规程和各种标准，确保矿井的安全生产和质量标准化目标的实现；

（3）合理组织生产和执行各项规章制度，确保矿井生产持续、均衡、稳定、有秩序地进行；

（4）合理安排区（队）的劳动组织和合理的工资分配，不断提高矿井的劳动生产率；

（5）加强技术和经济管理，不断减少各种消耗，降低产品成本；

（6）开展技术革新，普及推广使用新工艺、新设备、新材料、新技术，提高设备的完好率和利用率，促进矿井生产现代化的实现；

（7）加强基础工作，迅速、准确、全面地为矿井的管理信息系统提供生产技术过程的原始数据。

1.3　生产现场管理

生产现场管理是区（队）生产管理的重要内容。煤矿区（队）是生产现场管理的直接执行单位，加强生产现场管理对提高区（队）的生产水平和管理水平有着重要的意义。

所谓生产现场管理，是运用科学的方法、对生产现场的生产力要素进行合理配置，对生产过程进行有效的计划、组织和控制，实现安全均衡，文明生产，以达到安全、优质、高产、低耗、高效益的生产目的。

煤矿生产现场管理的主要内容：

（1）改善作业条件及环境。煤矿井工生产是地下作业，劳动强度大，工作空间狭小、黑暗，受水、火、瓦斯、煤尘、矿压、地质构造和开采方法的影响，存在着淋水、潮湿、高温、有害气体、粉尘、机器噪声等，给职工的身心健康和安全生产带来了很大的危害。因而改善井下生产作业条件和环境，对建立正常的生产秩序，促进安全、高产、低耗高效有着重要的意义。而且还有利于稳定井下工人的心理和情绪，增进井下工人的身心健康，延长井下工人在井下工作的服务年限，稳定井下工人队伍。因此，创造良好的生产作业条件和环境，是现场管理的重要内容之一，也是加强其他生产现场管理工作的基础，对于煤矿井下作业，尤为重要。

（2）执行采煤、掘进、机电、运输、通风等生产现场的质量标准和三大规程的规定，确保安全生产。采煤、掘进、机电、运输、通风、地测、调度的质量标准化是建设标准化矿井的重要内容，是煤矿生产管理、技术管理的一项重要基础工作，因而各区（队）和矿井的有关领导和部门应认真抓好这项工作，并且同贯彻《煤矿安全规程》（以下简称《安全规程》或《规程》）、作业规程、操作规程联系起来，以确保矿井的安全生产和提高生产的经济效益。

（3）推行正规循环作业，建立正常稳定的生产秩序。循环性是煤矿采掘生产的客观规律，循环进度及日循环次数是构成产量和进尺的基础。采掘工作面是煤矿生产的核心，推行采掘工作面正规循环作业，可以把采掘过程的准备、生产与检修紧密连接起来，使各工序、各工种都按循环图表统一行动，使生产有计划有秩序地进行。推行采掘工作面的正规循环作业，能有机联系各生产环节，可促使全矿井各生产环节建立正常稳定有计划地生产秩序，保证全矿生产任务有计划、按比例均衡的完成。

（4）优化生产现场劳动组织，提高劳动生产率。煤矿井下工人95%以上分布在采煤、掘进（开拓）、机电、运输、通风五种区（队）中。煤矿吨煤工资成本约占原煤吨煤成本的30%~40%，井下工人的劳动生产率对矿井全员效率起着决定性的作用，对降低吨煤工资成本有着重要的影响。因此，在生产现场管理中，要高度重视劳动组织的优化组合，要从实际出发，搞好定额定员工作，合理配备各工序各岗位的人员数量，做到人员数量合适，人员结构合理，人员素质匹配，并根据各生产环节的特点，合理确定劳动组织形式，适时调整劳动组织，贯彻按劳分配的原则，合理工资分配形式，以便最大限度地提高生产现场的劳动生产率。

（5）加强生产现场的物资管理，降低原煤成本。工业企业的绝大多数材料都是在生产现场消耗的，材料费约占原煤成本的三分之一。煤炭工业区别于其他加工工业的一个特点是所消耗掉的主要材料不构成产品的实体。在生产现场管理中，应加强生产物资的领退、保管和使用的管理，加强坑木、金属支架、各种坑木代用品、导风筒、输送机胶带、钢轨、各种管道、矿车、各种备品配件等的回收复用和修旧利废工作，要采用新技术、新工艺、新材料，并应加强材料消耗定额管理、目标管理和材料节约与超支的奖惩制度，以降低材料消耗，降低原煤生产成本。

（6）提高生产现场信息管理水平。信息是煤矿各级领导进行决策和指挥生产的重要依据，因而在生产现场必须抓好物量信息和货币价值信息，做好信息的记录、保管、处理、传递、利用等各个环节的工作，在全面、准确、及时、迅速、有效等方面下工夫。要做好原始记录工作，利用调度、自动控制、微电脑等装备，提高信息管理水平和完善管理控制手段，使生产任务和各项标准得到有效的控制和实现。

（7）加强班组建设，做好人的工作。在生产过程中起主导作用的是人，而班组则是组织工人直接参加劳动，执行区（队）生产任务的最基层单位。班组长既是带领工人进行劳动的直接指挥者，本人又直接参与生产劳动，是协调和沟通区（队）长和工人之间的桥梁，在生产现场管理中，能否充分发挥班组长的作用，对完成区队的生产任务起决定性的影响。因而要重视班组长的选拔和培养，要建立健全班组的各项规章制度，严格执行岗位责任制，抓好政治思想教育工作，发挥生产第一线工人的主人翁地位和作用，加强职工的技术培训，提高人的素质，建立一支有理想、有道德、有文化、有纪律的四有职工队伍；要开展劳动竞赛，最大限度地调动人的积极性，确保企业生产经营目标的实现。

复习思考题

（1）生产管理的概念。

（2）简述矿井生产过程组织的主要任务。

（3）简述矿井生产过程组织的基本要求。

（4）生产管理的内容。

（5）生产管理的主要任务。

2 劳动定额管理

2.1 劳动定额的形式、作用、制定原则和方法

工业企业进行生产经营活动，必然要消耗和占用一定数量的人力、物力和财力，为了消耗尽可能少的人、财、物，生产出尽可能多的符合质量要求的物质产品，就要为这些消耗和占用规定出一定的数量"标准"，这些标准称为定额。定额分为劳动定额、物资消耗定额、动力消耗定额、设备利用定额、资金占用定额等，其中劳动定额占重要地位。

劳动定额是在一定生产技术组织条件下，为劳动者预先规定的单位时间内完成合格产品的数量，或为产品所预先规定的劳动时间消耗量标准。

2.1.1 劳动定额的形式

劳动定额有如下三种表现形式：

（1）产量定额。用产量表示的定额称为产量定额，可以用 t、m、架等单位表示。煤矿产量定额，一般按工日计算，规定在一定的生产条件下，一个工日生产的合格产品数量，如采煤工作面采煤工采、支、攉、回的产量定额，规定煤层倾角小于 18°，采高 1.71 ~ 2.20m，循环进度 < 1.0m，中硬煤每工 10.8t；掘进工作面支架工平巷支架的劳动定额，规定掘进断面 6.01 ~ 8.0m²，煤巷铁支架每工 2.65 架等。煤矿广泛采用产量定额形式。

（2）时间定额。用时间表示的劳动定额称为时间定额。时间定额是以产品为基础计算的，规定生产一件产品或一批产品所需的时间，即多少工日、小时、分等。煤炭企业以工/t 为时间单位。国家规定法定工作日时间为 8h，按需要 2h 可以折算为 0.25 工，如综采工作面拆除回柱绞车的工时定额，规定包括装车每台 3 工。时间定额和产量定额从不同的角度说明同一个问题，两者互为倒数关系，可用公式表示为：

$$Q = \frac{1}{T}$$

$$T = \frac{1}{Q}$$

式中　T——时间定额；

　　　Q——产量定额。

例如，已知某采煤工作面采出 1t 煤的时间定额为 0.2 个工日，计算该工作面工日的产量定额；又知某采煤工作面的产量定额是 4t/工，计算该工作面的时间定额。

根据公式 $Q = \frac{1}{T}$ 计算：

当 $T = 0.2$ 工/t 时，

$$Q = \frac{1}{0.2} = 5t/工$$

当 $Q = 4t/工$ 时，

$$T = \frac{1}{4} = 0.25 \ 工/t$$

单位时间内生产单件产品的时间减少，则单位时间内的产量定额就要增加；反之，则单位时间内的产量定额就要减少。但二者并不以同一个百分数增减，如时间定额降低50%，则产量定额提高100%，产量定额提高50%，时间定额降低33.3%。

（3）看管定额。看管定额就是一个工人或一个班组看管机械设备的台数，如规定一个输送机司机看管几台输送机，一个水泵工看管几台水泵等。煤炭企业主要采用产量定额和时间定额，较少采用看管定额。

不同形式的劳动定额适用于不同的生产条件。产量定额主要用于那些产品品种单一、大量生产且变化比较小的部门，或机械化、自动化较高的企业。时间定额主要用于产品品种变化较大或产品比较复杂的部门。因此，煤炭、钢铁企业通常采用产量定额，机械制造企业通常采用工时定额，看管定额主要用于那些自动化设备较多的企业，如纺织工业等。

2.1.2 劳动定额的作用

劳动定额具有以下几方面的作用：

（1）劳动定额是企业编制计划、合理组织生产劳动的基础。企业内部生产经营活动的各项计划，是通过系统地调查研究和科学地计算进行编制的。企业提出生产产品数量、规划使用劳动量、制定劳动生产率指标、确定产品成本中的工资费用等，都必须依靠先进的劳动定额。

劳动定额为各个生产环节的定员、协调、合理地组织生产提供了依据。

（2）劳动定额是贯彻按劳分配的科学尺度。按劳分配是社会主义的分配原则，坚持各尽所能，按劳分配的原则，彻底消除大锅饭和平均主义，必须有一个衡量劳动者在生产劳动中付出劳动量大小的尺度，这个尺度就是劳动定额。它可以衡量劳动者的劳动态度好坏、技术高低、贡献大小，使职工的劳动成果与劳动报酬相一致。党的"十三"大报告中指出："当前分配中的主要倾向，仍然是吃大锅饭，搞平均主义，互相攀比……凡是有条件的，都应当在严格质量管理和定额管理的前提下，积极推行计件工资和定额工资制。"它充分肯定了劳动定额在按劳分配中的作用。因此，正确制定和贯彻劳动定额与坚持按劳分配原则是密切相关的。

（3）劳动定额是组织和动员广大职工群众努力提高劳动生产率的有力手段。劳动定额规定了工人在一定时间内应完成的生产任务。通过劳动定额，可以把提高劳动生产率的任务落实到每一个人，有利于加强职工责任感，调动职工积极性，努力挖掘生产潜力，节约工时，不断提高劳动生产率。

（4）劳动定额是企业进行经济核算的依据。企业实行严格的经济核算，是要以最少的人力、物力、财力消耗，取得最大的经济效果。企业的产品成本是由工、料、费多种因素构成的，如果没有考核劳动消耗指标的劳动定额，就无法对指标进行核算和比较。所以，劳动定额是企业实行经济核算、降低产品成本、增加企业积累的主要依据之一。

（5）劳动定额是组织劳动竞赛的必要条件。开展劳动竞赛，是充分发挥广大群众的主动性和创新精神的好形式。为了搞好劳动竞赛，正确评价每个职工完成生产任务程度、技术水平高低、劳动态度好坏和贡献大小，就要以劳动定额为标准进行评价。因此，劳动定额是组织劳动竞赛的必要条件。

（6）劳动定额有利于加强和巩固劳动纪律。劳动定额对一些在工作中消极涣散的工人是一种鞭策，它可以促使工人自觉地遵守劳动纪律，加强工作责任心，提高工时利用率，努力完成和超额完成生产任务。

总之，劳动定额是正确组织生产和分配的一种管理手段。企业重视劳动定额工作，劳动生产率就会提高，企业不重视劳动定额工作，劳动生产率就会下降。因此，企业一定要抓好劳动定额管理工作，不断提高企业的劳动生产率。

2.1.3　劳动定额水平和制定原则

劳动定额水平是劳动定额工作的中心问题，劳动定额水平是企业在一定时期内、一定物质技术条件下，技术水平、管理水平和劳动生产率水平的综合反映。

制定劳动定额要遵循以下四项原则：

（1）努力达到先进合理。采用推广先进技术和先进的操作方法、组织方法，是使劳动定额具有先进合理的保证。只有把先进技术、先进的操作方法和组织方法考虑到劳动定额标准中去，才能促进劳动效率的进一步提高。

（2）内部各项定额水平要协调平衡。劳动定额标准不但要符合先进的原则，还要做到内部各项定额水平的协调平衡。定额水平的协调平衡包括回采、掘进、运输的综合定额水平的协调平衡和各生产环节工序分项定额水平的协调平衡。

（3）制定劳动定额，要有群众基础。依靠群众制定修改定额是一条重要原则。不管采取何种制定方法，都离不开群众的配合。定额是否先进，能否发挥对生产的促进作用，都需要群众在生产实践中去衡量和鉴别。因此，定额人员必须经常深入生产实际和深入群众，以制定出先进合理的劳动定额。同时，要实行劳动定额的民主管理，让工人参加定额的制定、修改和管理。

（4）定额要符合实际，制定要迅速及时。劳动定额要符合实际，就是要求定额的质量要准确。衡量定额准确性的指标一般用定额时间值与实际消耗时间值的相对误差表示。由于产品本身不稳定，或受生产（工作）、技术组织条件、自然地质条件的变化，以及定额资料的表现形式和制定方法的限制，定额有一定的误差是正常的。但是，这个误差不能太大，如果太大就会影响定额的准确性。因此，必须规定一个最大误差限额，亦称最大允许误差。实践证明，只有按照最大允许误差的规定制定定额，才能保持定额水平的先进性和平衡性。

为了使劳动定额适应企业实行优化劳动组合、经济承包和内部分配经营管理的特点和需要，就要求制定定额迅速及时。做到这一点的关键在于定额的综合归纳要合理，选用的制定方法和手段要正确。

2.1.4　影响制定劳动定额的因素

劳动定额是在一定的客观条件下制定的，定额高低受多种因素的影响。这些影响因素主要包括以下五个方面：

（1）技术装备水平。技术装备水平是指煤矿生产采、掘、运等各个生产环节机械、机具的配置情况。技术装备水平的高低，就决定了工作面产量和劳动生产率的高低。如采用浅截式滚筒采煤机与可弯曲刮板输送机、金属支架配套的机组工作面，使落煤、装煤两个工序合一，解决了人工攉煤和人工移置输送机的笨重劳动，提高了单位工作面产量和劳动生产率。又如，采用采煤机、输送机与自移式液压支架配套的综合机械化工作面，落煤、装煤、支柱、移输送机、回柱、放顶等工序全部由机械来完成，采煤方法得到了全面更新。由于技术装备水平的差异和工序的不同，定额水平就不同。

（2）职工素质条件。职工素质条件一般包括四个方面：

1）文化知识。文化知识能促使职工尽快地认识客观世界，从而能动地去改造它。随着科学技术的发展，大量的新技术、新工艺需要有一定文化知识的职工去掌握和应用。职工平均文化程度高，企业的生产经营活动搞得就好，生产发展的速度就快。职工的平均文化知识程度同定额水平成正比关系。

2）技术水平。职工的技术水平包括理论知识与操作技能，也就是工人技术等级标准中的各级别应知应会及工作实例，是提高劳动效率的重要条件。如技师、高等级工人比低等级工人技术高，工作效率就高得多。

3）思想政治觉悟。社会主义劳动者的劳动积极性，主要取决于劳动者的思想政治觉悟。企业职工的劳动态度和实干精神如何，是职工思想政治觉悟高低的反映，也是影响定额水平的内在因素。

4）健康状况。职工的健康状况与劳动效率和定额水平的关系极大，健康的身体和旺盛的精力是完成各项生产（或工作）任务的保证。让职工在符合劳动保护和劳动卫生标准的前提下劳动，是企业不应忽视的重要问题。

（3）生产过程特点和工作地环境。煤矿企业生产过程是指劳动者利用机器和工具从地下采出煤炭的过程。合理的生产过程结构，在于能有效地组织生产过程各环节之间的协调配合，保证生产过程的连续性、协调性、比例性，使生产顺利进行。

煤矿由于煤层的赋存条件和矿井开采技术的不同，可选用不同的采煤方法。采煤方法包括两个主要内容：巷道系统和回采工艺。巷道系统是指采区巷道的布置方式、掘进和回采工作的安排顺序，以及采区的运输、通风、供电、排水等系统。回采工艺是指在回采工作面内所进行的落煤、装煤、运煤、支护和采空区处理等工作的安排和配合方式。不同的巷道系统和回采工艺相配合，就形成不同特点的采煤方法。如长壁式和房柱式采煤就有不同的特点。采煤方法选择是否合理先进，对劳动定额水平有重要的影响。

工作地环境指工作面的自然技术条件和组织条件。自然技术条件包括煤层厚度、倾斜角度、煤和岩的类别及硬度、含夹石情况；矿压、岩尘、煤尘和瓦斯含量、淋水、涌水、采掘机械化程度、通风、照明等。组织条件包括工作地布置状况、材料供应状况和劳动组织等。工作地环境直接影响劳动者的健康和劳动效率。改善工作地环境，保证劳动者的身心健康，是提高劳动定额水平的有效措施。

（4）组织管理水平。组织管理包括生产组织和劳动组织。生产组织指合理的生产组织形式，如正规循环作业是回采工作面合理的生产组织形式。劳动组织是以生产组织为依托的，必须与循环方式、作业形式、工序安排相适应。生产组织是否科学，劳动组织及劳动分工是否合理，对劳动消耗和定额水平的影响很大。

（5）管理制度。企业的各项管理制度是企业正常生产和工作的保证，如交接班制度、质量验收制度和岗位责任制度等。另外，企业的分配制度是否合理、劳动竞赛的组织情况如何等，对劳动效率和定额水平也有一定的影响。

2.1.5　劳动定额的制定方法

制定劳动定额的方法有经验估工法、统计分析法、比较类推法和技术测定法。这几种方法各有不同的适应范围和条件。企业应根据生产的特点和管理水平，选择适当的方法。

（1）经验估工法。经验估工法是根据定额人员、技术人员和老工人的实际生产经验，参考有关技术资料，并考虑所使用设备、工具和其他生产条件，通过估算的方式来确定劳动定额的方法。这种方法的优点是手续简单，方法简便，易于掌握，制定速度快。其缺点是缺乏技术依据，而且受估工人员水平和经验的限制，定额容易出现偏高或偏低的现象，准确性差，水平不易平衡。这种方法宜在多品种、小批量生产及新产品试制等情况下采用。为了克服经验估工法的缺点，提高估工定额的质量，要加强调查研究，广泛征求职工意见，集中群众的智慧和经验，对生产技术组织条件进行细致的分析，为估工提供更多的客观依据，提高定额的准确程度。

（2）统计分析法。统计分析法是在对过去生产同类型产品或工序的实耗工时或产量的原始记录和统计资料进行整理分析的基础上，考虑今后企业生产技术组织条件的变化来确定劳动定额的方法。这种方法的特点是简单易行，工作量小，它以大量的统计资料为依据，有一定的说服力，比经验估工法更能反映实际情况，能满足定额制定的快和全的要求。但统计数据中可能包括一些不合理或虚假的因素，如损失工时或加班加点工时等，会影响定额的准确性。从目前的企业管理水平来看，原始记录中对工时的统计比较粗，一般不记录分项工序的工时消耗，因此，统计效率一般是综合效率。为了提高定额质量，应当建立健全原始记录，加强对统计资料的分析工作，分析平均水平和先进水平的差距及其原因，分析生产技术组织条件及可能出现的变化，分析工时消耗，并应剔除虚假和保守性因素。

（3）比较类推法。比较类推法是以生产同类型产品或工序的定额为依据，经过对比分析，推算出同类型或相似类型的另一种产品或工序定额的方法。采用这种方法，要求在同类产品或工序中选出若干个具有代表性的典型产品或工序，并给这些产品或工序制定定额，以后同类型产品或工序的定额，就通过与典型产品或工序的定额类推比较来确定。因此，采用这种方法需要制定整套典型定额标准，工作量比较大，但只要典型选得恰当，分析对比细致，定额的质量一般比前两种方法要高，而且避免了同类型或相似类型产品或工序定额制定工作的重复，还可以保证同类型或相似类型产品或工序之间定额水平的平衡。

要提高类推比较法制定定额的质量，关键是典型定额的制定要准确和有依据。企业应根据自己的情况，选择适宜的方法制定典型定额。

比较类推法适用于产品品种多、批量小、变化大的企业。随着企业生产专业化和协作程度的提高，以及产品的标准化、通用化和系列化工作的开展，比较类推法的应用范围将会越来越广。

（4）技术测定法。技术测定法是通过对生产技术组织条件的分析，在挖掘生产潜力和使操作方法合理化的基础上，采取分析计算或现场测定制定定额的方法。具体来说，就是通过现场的工作日写实和测时，把工人一个班生产活动所消耗的时间全部记录下来，用工时分析的方法，分析工时消耗，查找浪费工时的原因，充分挖掘生产潜力，消除一切影响工时的不合理因素，努力提高工时的合理利用，并通过一定程序的计算来确定新的定额。

采用技术测定法制定定额的步骤如下：

1）在工作地点采用工时消耗的研究方法测定工序；

2）整理分析观测资料；

3）设计出合理的工序结构、合理的工作地组织和合理的工时消耗，并规定出被测定工序的新定额；

4）推行合理的工序结构、合理的工作地组织和新定额。

技术测定法重视对生产技术组织条件和操作方法的分析，有充分的技术依据，制定的定额比较准确，由于采用比较统一的衡量标准，定额容易达到先进水平，并能保持区（队）、工种、产品间定额水平的平衡。但是这种方法比较复杂，工作量大，如果企业规模较小、基础较差、定额人员少，采用这种方法是有困难的。技术测定法一般适用于生产技术组织条件比较正常稳定的企业。煤炭企业经常采用这种方法。

以上几种方法各有优缺点，各有不同的适用范围和条件。企业在制定定额时，可以选用其中的一种方法，也可以同时选用几种方法。

2.1.6 劳动定额标准化

劳动定额标准化是以研究劳动过程为主要内容的标准工作。它包括作业系统标准化、工作程序标准化、操作方法标准化，最终达到对劳动过程中劳动消耗制订并实施统一的标准，使劳动定额逐步实现科学化、标准化、规范化、法制化。

（1）劳动定额标准化的目的。

1）建立必要的生产、技术秩序，努力提高全员劳动效率和保证生产经营活动的正常进行；

2）提供定额信息的传达和传递手段；

3）发展定额技术，提高定额的科学性，满足现代化管理的需要；

4）全面节约人力和时间，获得最优的经济效果。

（2）劳动定额标准化的作用。

1）通过选优和协调，制定出衡量劳动优劣的标准；

2）对具有等效功能的劳动提出统一的规定，使一些重复性的工作能够一次完成，避免不必要的重复劳动，提高效率，节约时间。使劳动定额和劳动消耗达到统一，业务工作达到统一化、单纯化、合理化；

3）按照选优原则，对同类型的劳动，取其最优状态并加以推广，促进同类型劳动达到最优状态，并使时间消耗最少；

4）按照相似性原理，对同类型工作进行归并和简化，减少专业门类，有利于业务归口。

（3）劳动定额标准的分类。

1）按劳动定额标准的内容分为：系列产品定额标准；作业定额标准；基础标准；方法标准；管理标准。

2）按劳动定额标准的成熟程度分为：正式标准；指导性文件和定额标准化规定。

（4）劳动定额标准的分级。定额标准按照国务院颁发的《中华人民共和国标准化条例》的规定，劳动定额标准分为国家标准、专业标准、地区标准和企业标准四级。

各级劳动定额标准的关系是：专业标准、地区标准和企业标准不得与国家标准相抵触；企业标准不得与专业标准和地区标准相抵触。但为了不断提高经济效益，企业可制定比国家标准、专业标准和地区标准更先进的内控定额标准。企业为了更好地贯彻执行上级定额标准，除直接贯彻执行外，还可根据具体情况制定相应的补充规定。

2.2　标准定额与作业定额

2.2.1　标准定额

2.2.1.1　标准定额的概念

标准定额也称统一定额，是指影响劳动生产率的各项主要因素的定额。

标准定额是根据各煤矿典型工序自然条件和生产技术条件，在正常的工作组织情况下，通过技术测定和分析，并吸收群众意见而制定出来的劳动定额。这种定额经批准后，是企业制定作业定额的依据。

同一矿区所属矿井煤层的地质条件大体相同，应制定统一的劳动定额即标准定额，以使本矿区在经营管理和按劳分配方面有一个统一的标准。同一矿区的各个矿井如果条件相同，而劳动定额却各搞一套，不仅工作繁琐，而且还会造成内部矛盾，甚至出现"同工不同酬"的现象，违背按劳分配原则，影响工人的积极性。

在同一矿区采用统一标准定额是可能的，原因有几点：（1）各矿井同一工种的工作内容和质量要求基本上相同；（2）各矿井煤田赋存的地质条件大体相近，影响同一工种劳动生产率的因素基本上相同；（3）这些因素的性质和数值变化幅度相同，可以归纳在一定的数量类别以内；（4）各矿井在矿务局统一领导下并按照统一的计划工作。实践证明，根据煤矿井下自然条件和生产技术条件，可以制定一个能够适应这些变化的统一标准定额。

标准定额是制定作业定额的基础，煤炭工业系统应有行业的统一标准劳动定额，各矿区也应根据生产特点，制定企业标准（统一）劳动定额手册。

标准定额只考虑主要因素，次要因素则借助于修正系数解决。标准定额手册中没有包括一些新产品或特殊条件下的劳动定额，可以制定临时定额，报经上级批准后试行，试行期限规定为3个月。目前，矿区临时定额一般由各矿、处制定，报集团公司批准试行。

2.2.1.2　煤炭工业企业标准定额手册

A　标准定额手册的内容

（1）说明部分。定额编制原则、依据、方法、执行期以及本定额手册的有关规定；煤炭、岩石类别的划分，自然地质条件类别的划分；计算计件单价、标准工资，平均技术等级的划定；共同使用的修正系数；简要说明定额手册的使用方法和必要的计算公式。

（2）回采工作定额。按工序分别规定采煤机割煤定额，电钻打眼定额，装药、放炮定额，炮采工作面人工攉煤定额，机采工作面清理浮煤定额，支柱定额，支密集柱定额，架设木垛定额，移支架定额和绞车回柱定额等。

（3）掘进工作定额。掘进工作定额包括掘进机掘进定额，岩石和煤层打眼定额、装药、放炮定额，架设支架定额，推车定额，铺设临时轨道定额等。

（4）运输工作定额。运输工作定额包括井上、下人力扛运坑木定额，井底车场推车定额，装运煤、岩定额等。

（5）通风维修工作定额，地面或其他工作定额等。

B　工作定额的内容

（1）工作内容。在工作条件和工作方法一定的情况下，一般以岗位责任制为准，执行本定额应当完成的各项工作。

（2）标准定额表。各主要影响因素的定额数值和计量单位（有的附计件单价）。

（3）修正系数。定额表中未包括的次要因素的定额调整系数。

（4）附注。除记载一些必要说明外，一般注明本工作定额的使用方法和计算公式。

标准定额手册是分工种、分工序编制的，下面以某局普采工作面普机采煤的工作定额为例说明。

（1）工作内容。开工前的准备工作，检查机组，调整牵引绳或链，注油，更换截齿，试运转，开主机割煤，洒水，收、放电缆，调转弧形挡煤板，清理机组上的浮煤及运行中故障的修理。

（2）工作定额（见表2-1）。

表 2-1　普机组落煤工作定额　　　　　　　　　　　　　　　　　m/工

采长/m	编号	采高/m 1.4以上	1.41~1.70	1.71~2.20	2.21以上
		155	156	157	158
70以上	1	33	35	39	36
71~130	2	36	40	45	40
131以上	3	51	54	62	56

注：普机组落煤进度按1.0m计算。

（3）修正系数。

1）工作面遇水而影响工作，大顶水时，定额用 $K=0.90$ 修正；小顶水时，定额用 $K=0.95$ 修正；底水时，定额用 $K=0.95$ 修正。

2）上分层及一次采全高工作面顶板破碎，其维护长度占工作面总长度的15%~50%时，定额用 $K=0.90$ 修正，其维护长度占工作面总长度的51%以上时，定额用 $K=0.85$ 修正。

3）割中、下分层和锈结顶板时，定额用 $K=0.90$ 修正，顶板锈结不好时，定额用 $K=0.80$ 修正。

4）工作面遇老眼时，上下各10m（共20m），定额用 $K=0.80$ 修正。

5）工作面出现底臌或夹石，厚度0.2m以上，长度5m以上，定额用 $K=0.85$ 修正。

2.2.1.3　标准定额手册的编制方法和步骤

（1）分析影响因素，确定定额项目。标准定额是预先为各种不同工作规定的必要劳动量标准。完成各项工作所消耗的工时多少，取决于影响劳动生产率的各种因素。所以，制定标准定额，首先必须分析与研究影响劳动生产率的各种因素，以便正确处理和确定各项定额之间的关系。

影响煤炭工业企业劳动生产率的因素，可以分为三类：

1）自然地质因素。自然地质因素包括煤和岩石的硬度，煤层厚度、倾斜角度、煤层结构（如有无夹石、夹石层的数量、厚度及硬度）、工作地点的顶底板条件、瓦斯含量、涌水量大小等。

2）技术因素。技术因素包括采煤工艺、机械设备的性能和类型、机械化程度、工具的形状和类型。

3）组织因素。组织因素包括材料供应情况、动力供应情况、车皮供应情况和采、掘、运配合协作情况，以及劳动组织形式等。

制定标准定额主要考虑自然地质因素和技术因素，组织因素对定额水平虽有影响，但在制定标准定额时，应考虑由于组织管理可能造成的工时损失，通过采取措施是可以消除的，所以组织因素一般不予考虑。

自然地质因素和技术因素可分为经常影响因素和偶然影响因素。前者包括采高、倾斜角度和煤、岩硬度等，后者包括夹石层、淋水等。主要因素可作为制定分阶段定额标准的依据，次要因素可作为修正标准定额的系数。

（2）根据统计资料、技术测定资料和群众意见确定定额的初步方案。统计资料包括班组记工表、工作量验收的原始记录单和统计报表。通过对统计资料的分析，可以了解到定额完成的总水平和工种定额完成水平的平衡情况；完成定额的水平和完成计件标准工资的水平是否相适应；工程验收是否正确合理及其对定额完成情况的影响；技术操作和机器设备改变对定额完成情况的影响。这些可作为制定定额初步方案的基础资料。

技术测定资料就是通过一系列的工作日写实、工序写实和测时方法对制定定额的对象进行观察记录的资料。根据技术测定资料，可以确定以下各项时间定额和产量定额：

1）工作日的准备结束作业时间定额。准备结束作业时间定额是根据工作日写实的资料确定的。如采煤机司机检查采煤机和试运转作业，10 份测定资料记录的总时间为80min，则可确定一次作业时间平均为 8min。其他各项准备结束作业时间定额，可按照同样方法确定。将各项准备结束作业时间相加，就得到采煤机的准备结束作业时间定额。

2）工作日自然需要的时间定额。休息和自然需要的时间定额，可以根据写实资料确定。如对采煤机司机 10 次工作日写实消耗的作业时间为 3370min，消耗的休息时间为337min，则采煤机司机的休息和自然需要时间占作业时间的10%。

3）单件产品的作业时间定额。单件产品的作业时间定额，是根据写实、观测记录的实际消耗作业时间除以实际完成的产品数量求得的。如采煤机沿工作面采煤 1m 的作业时间为：总作业时间除以合计完成数量（m）得每米作业时间，

$$\frac{5000\text{min}（总作业时间）}{1000\text{m}（合计完成数量）}=5\text{min/m}$$

4）采煤机的产量定额。采煤机产量定额的计算公式如下。

产量定额：

$$(H)=\frac{(T-t)\times 工作面进度 \times 采高 \times 煤容重 \times 回采率}{t_{作}(1+作息时间系数)}$$

式中　T——工作日正常延续时间，min；

　　　t——准备结束时间，min；

$t_{作}$——单件产品的作业时间。

例如，已知 T 为 480min，t 为 60min，硬煤的作业时间为 5min，中硬煤和软煤的作业时间为 4min，休息时间系数为 10%，采高为 1.6m，截深为 0.8m，每班割两刀，工作面进度为 1.6m，煤的容重为 1.4t/m³，回采率为 95%。煤层倾斜度以 25°为计算基础，25°以上定额数值以系数 0.9 修正；工作面长度以 80m 以内为计算基础，80～100m 的定额数值以系数 1.10 修正。求工作面长 80m、采高 1.6m 的硬煤台班产量定额。

$$H_{产} = \frac{(480 - 60) \times 1.6 \times 1.6 \times 1.4 \times 0.95}{5 \times (1 + 0.1)} = 260t/台班$$

通过上述计算求得工作面长度在 80m 以内，倾斜度在 25°以下，采高 1.6m 硬煤的产量定额数值。其他条件工作面的各项定额数值可按同法计算。

通过对统计资料和技术测定资料的分析、研究，并将这两方面的资料归类比较后，还应参考如下资料确定定额水平的初步方案。这些资料有：用技术测定法提供的定额水平计算结果；具有普遍意义和全面性的定额完成情况的统计资料；原定额水平情况；其他单位近期的统一劳动定额水平情况。

（3）组织职工讨论，征求群众意见。定额水平的初步方案确定后，要组织职工讨论，征求群众意见，目的是提高定额制定工作的质量，便于贯彻执行。区（队）是执行定额的基层单位，为使定额水平符合实际，应很好地组织讨论。区（队）干部要深入到群众中去，直接听取群众的意见，并将修改意见填入表 2-2，表 2-2 为采煤机工作定额水平的初步方案。

（4）定额水平确定以后，应进行最后的测算平衡，提出编制定额工作报告，报上级领导机关批准后执行。

表 2-2　采煤机工作定额水平方案

工作面长度/m	80 以内		81～100	
采高/m	1.6 以下		1.6 以上	
倾斜度/(°)	25 以下		25 以上	
项　目　　　煤层硬度	硬	中硬、软	硬	中硬、软
技术测定的定额水平	260			
原定额水平	234			
实际完成水平	250			
其中：最高	263			
初步确定方案	257			
群众讨论意见	254			
综合意见	255			
综合意见相当实际完成水平的百分比	102			
综合意见相当原定额水平的百分比	109			

2.2.2　作业定额

2.2.2.1　作业定额的概念

作业定额或称工作定额，是根据具体工序和工作地点的具体条件，按照标准定额手册制定出来的具体执行的产量定额。作业定额以劳动定额通知单的形式由矿长、处长批准下达。

对于作业定额和标准定额的关系，标准定额是作业定额的基础，作业定额是标准定额根据具体情况的实施和使用。

制定作业定额是加强企业管理，实行经济核算和推行计件工资制不可缺少的工作。区（队）每月在下达作业计划的同时下达作业定额，并在生产、技术、组织条件发生变化时及时修订，使作业定额符合生产实际。所以，在劳动定额管理工作中，制定作业定额是一项经常性的工作。

作业定额对矿井组织生产和工资分配有如下作用：

（1）根据作业定额计算采掘工作面每一循环所需工数，从而配备劳动力；

（2）根据作业定额计算计件单价，从而支付工人的计件工资；

（3）为采掘工作面的生产组织和劳动组织提供条件；

（4）正确贯彻和实施作业定额，能促进生产的发展，提高劳动生产率。

2.2.2.2 作业定额的种类

作业定额按其包括的工序数目可以分为分项定额和综合定额。

分项定额只包括一道工序的作业定额，如机组采煤、电钻打眼、支架等工序的定额。分项定额是标准定额在实际生产中的运用，是分项计量考核依据。

综合定额是包括若干道工序的定额，是将几个分项定额综合在一起，换算为统一计量单位所表示的作业定额，如 t/工、m/工等。煤矿采掘环节作业定额一般采用综合定额形式。

作业定额又分为个人作业定额和工组作业定额。

个人作业定额适用于分散工作地点的单独作业，如人力运料。

工组作业定额就是一个班内全组工人的产量定额，如掘进巷道换混凝土支架、修复棚子等。

2.2.2.3 作业定额的编制方法

编制作业定额必须经常深入现场进行调查研究，掌握工作地点条件与作业的变化情况，依据企业现行定额管理制度中的各项规定，正确地应用标准定额手册。

A 分项定额的计算公式

$$个人分项定额 = 标准定额 \times 修正系数$$
$$工组分项定额 = 个人分项定额 \times 工组人数$$

B 综合定额的计算公式

$$个人综合定额 = \cfrac{综合工作量（产量或进尺）}{\cfrac{分项工作量}{分项定额 \times 修正系数} + \cdots + \cfrac{分项工作量}{分项定额 \times 修正系数}}$$

或

$$个人综合定额 = \frac{昼夜综合工作量（产量或进尺）}{昼夜需要定额总工数}$$

个人综合定额的计算步骤：（1）确定综合定额包括的工序项目；（2）计算各工序的工作量，并依据工作量和分项定额，换算为完成该工序工作量所需的工数，即所需工数 = 分项工作量/分项定额；（3）将完成各道工序所需的工数相加；（4）以完成综合工作量所需的工数总计除以综合工作量（产量或进尺），即求个人综合定额。

在计算个人综合定额时应注意两点：

第一，公式中的分子部分，必须是与分母相适应的综合工作量（产量或进尺）；

第二，计算采煤、掘进工作的综合定额时，有分项定额的工作量可以计算出定额工数，无定额的工作量（如看输送机、机电维修等），则采取两种办法计算：一是把所需工数加在公式的分母中计算综合定额；二是不计算在综合定额之内，只按每一工作日出现的工数，单独支付计时工资。

$$工组综合定额 = 个人综合定额 \times 工组人数$$

C 计件单价

计件单价是完成某一单件产品应该支付的工资额，是支付计件工资的主要依据。计件单价是以工作物等级和劳动定额为依据进行计算的，计算方法如下：

$$分项计件单价 = \frac{工作物平均技术等标准日工资}{分项定额}$$

$$综合计件单价 = \frac{工作物平均等级标准日工资}{个人综合定额}$$

或

$$综合计件单价 = \frac{某项工数 \times 标准工资 + \cdots + 某项工数 \times 标准工资}{综合工作量}$$

根据下列条件编制个人综合定额及综合单价表。

[**例题**] 某掘进队掘岩石平巷，岩石为砂页岩，巷道毛断面 $12m^2$，锚杆支护，耙斗装岩机装岩，钻眼爆破掘进，蓄电池机车运岩，锚杆每米 10 根，工作面有淋水，除运岩外，其他工序用 0.90 修正系数，每循环进度 1.0m。根据上述条件编制个人综合定额和综合单价表。各工序的标准定额可查定额手册得到。

（1）确定综合定额包括的工序项目。综合定额的工序项目包括钻眼、装药、放炮；装岩机装岩；运岩；铺临时轨道；打锚杆；喷浆。

（2）计算各道工序的工作量。

1）钻眼放炮，按作业规程规定掏槽眼 5 个，每个深 1.2m，辅助眼 8 个，每个深 1.1m，边眼、底眼及水沟眼共 20 个，每个深 1.1m。

掘进 1m 的钻眼量 $= 1.2 \times 5 + 1.1 \times 8 + 1.1 \times 20 = 36.8m$；

2）每进 1m 的装岩量 = 毛断面 × 进度 × 岩石松散系数 $= 12 \times 1.0 \times 2.0 = 24m^3$；

3）运岩量 = 装岩量 $= 24m^3$；

4）铺设临时轨道的铺轨量 $= 1.0m$；

5）打锚杆，作业规程规定每进 1m 打 10 个眼；

6）喷浆，每进 1m 喷 1m。

将求得的各道工序工作量列入表 2-3。

已知分项工作量和分项定额，就可求出完成每道工序所需工数，将求得结果也列入表 2-3。

（3）计算综合定额和单价。计算单价时，运岩和铺临时轨道按五级工计算标准工资，其他工序按六级工计算标准工资。

计算结果如表 2-3 所示。

$$个人综合定额 = \frac{综合工作量}{按定额所需总工数} = \frac{1.0}{14.187} = 0.0705 \text{m/工}$$

$$综合计件单价 = \frac{按分项工数计算的工资合计}{循环进尺} = \frac{62.808}{1.0} = 62.808 \text{m/工}$$

日工资标准：钻眼、装药、放炮、装岩 4.471 元；运岩、铺临时轨道 4.039 元；打锚杆、喷浆 4.471 元。

D　补充定额与临时定额

在编制作业定额时，遇到统一定额未包括的工序项目，或一次性工程时，就要按一定程序制定补充定额或临时定额。如某矿务局劳动定额及计件工资管理办法规定：要严格定额管理，履行审批程序，凡统一定额未包括而又经常出现的项目、一次性工程或工作需要制定补充定额或临时定额时，由各单位编制报公司审批后执行。在报批定额时，必须上报有关测定和统计分析资料。

掘进工作面定额与单价通知单（计件），如表 2-3 所示。

表 2-3　掘进工作面定额与单价通知单（计件）

（掘进二队东大平巷工作面）　　　　　年　月　日

定额编号	工序名称	循环工作量		定 额			定额工数	计件工资/元
		单位	数量	标准水平	计算基础	修正后水平		
	钻眼、装药、放炮	m	36.8	5	×0.9	4.5	8.177	36.559
	装 岩	m³	24	35	×0.9	31.5	0.76	3.398
	运 岩	m³	24	18		18	1.33	5.372
	铺临时轨	m	1.0	10	×0.9	9	0.11	0.444
	打锚杆	根	10	7	×0.9	6.3	1.59	7.109
	喷 浆	m	1.0	0.5	×0.9	0.45	2.22	9.926
	合　计						14.187	
综合定额	0.0705m/工	综合修正系数		修正后定额		0.0705 m/工	计件单价	62.808 元/m

工作面条件	1. 掘进断面：12m²　　　2. 煤岩别：　岩 100%　　　3. 煤岩硬度：砂页岩中硬 4. 坡度：　平　　　　5. 顶底水　　　　6. 支架种类型式：锚杆喷浆 7. 棚距：　m/架　　　　8. 涌水量：工作面淋水　9. 钻眼机械：风钻 10. 装车方法：扒斗装岩机　11. 运输条件及距离　　12. 是否光爆 13. 循环进度：1.0m

在册人数		直接工计件人数		辅助计件人数	

说明	1. 本通知单在工作面开工前两天由定额员提出，有关人员盖章后向工人贯彻；2. 本通知单一式四份，队一份，劳资科一份，工资核算员一份，报局一份；3. 本定额单价自　年　月　日　点班起执行前　年　月　日　号通知单停止执行。

矿（处）长：　　　劳资科长：　　　队长：　　　定额员：

2.3 劳动定额管理

2.3.1 劳动定额管理的内容

2.3.1.1 加强劳动定额管理

为了确保劳动定额水平的先进性，集团公司统一劳动定额，原则上应一年审定修改一次，遇有下列情况之一者，可以及时补充修改：（1）定额试行期间，发现定额水平有显著偏低或偏高情况；（2）生产条件有显著变化，生产设备、机械化程度有重大变化；（3）因采用新的发明创造、技术革新而使定额水平发生显著变化，但对发明创造的集体或个人，可以保留原定额水平半年不变。

各级定额管理人员均应经常深入现场，了解生产工作情况，建立定额和计件工资原始记录的统计台账和报表。

2.3.1.2 企业劳动定额管理的内容

企业劳动定额管理是企业管理的一个组成部分。它包括定额管理机构的设置、职责范围和管理制度的制定和修改、使用和贯彻定额、现行定额完成情况的统计分析以及汇集与劳动定额有关的各种资料等工作。定额管理也就是企业的全部劳动定额工作。

2.3.1.3 区（队）劳动定额管理的内容

区（队）劳动定额管理是在矿、处专业管理指导下开展的定额管理工作。它的主要内容包括：配合上级有关部门进行技术测定和制定、修改定额工作；贯彻执行作业定额；对执行定额工种的完成产量和用工情况进行验收记录；统计分析区（队）定额完成情况和执行定额中出现的问题；向上级有关部门提供本区（队）有关劳动定额各种资料。

2.3.2 定额管理机构的设置

劳动定额管理是企业管理的基础工作，要做好定额管理工作，必须设置管理机构，配备一定数量的定额人员。煤炭企业劳动定额管理工作，应在统一集中领导和分级负责管理相结合的原则下进行。统一集中领导的权限，一般掌握在集团公司一级，而分级负责管理，则分别由矿（处）、区（队）和班组分级进行。集团公司一级劳动工资部门内设定额科，统管全局的劳动定额工作。矿（处）劳动工资部门设定额组，负责全矿、处劳动定额的贯彻执行工作。局、矿（处）定额管理部门配备一定数量的定额员、主任定额员或主任定额工程师。主任定额员或主任定额工程师专职协助部门行政负责人处理日常定额业务工作。矿（处）劳动工资部门的定额员分别负责区（队）的定额工作。原煤炭工业部颁发的《煤炭工业企业计件工资管理办法》规定，每个采掘区（队）配备一名专职定额员和一名专职或兼职验收员。为了体现专业管理与群众管理相结合的原则，还可以设置不脱产的定额员，如区（队）和班组从工人群众中选举不脱产定额员，协助专职定额人员在本区（队）和班组开展定额工作。

矿（处）定额管理有两种方法：一种是定额员隶属劳动工资部门，分管区（队）的定额工作；另一种是定额员由区（队）领导，劳动工资部门负责业务指导。前一种方法的优点是领导集中，有利于正确贯彻定额政策，严格定额管理，确保定额质量；缺点是定额员同区（队）易产生矛盾，相互配合不好，与生产实际结合不紧密。后一种方法的优点是定额员容易同生产实际相结合，但易产生按区（队）领导意图办事，片面照顾工人收入，放弃定额管理原则，不能保证定额质量，甚至产生任意降低定额水平等情况。煤炭工业企业劳动定额工作人员职责试行条例规定："由于劳动定额工作政策性、专业性强，涉及面广，为便于工作，企业基层劳动定额工作人员在行政和业务上，直接由矿（工程处）劳动工资科领导"。因此，煤矿生产矿井一般都采用定额员隶属劳动工资部门领导，分管区（队）定额的工作方法。

2.3.3　区（队）劳动定额管理的特点

区（队）实行定额管理，必须配合专业定额管理，接受专业定额管理的指导，支持专职定额人员的工作，并熟悉各级专职定额人员的职责和权限。

2.3.3.1　区（队）是劳动定额的贯彻执行单位

煤炭工业企业矿（处）实行劳动定额管理，一般是根据采、掘工作面具体工序和工作地点的条件，按照上级规定的统一劳动定额标准，制定作业定额，以劳动定额通知单的形式下达到区（队）。在矿（处）编制作业定额时，区（队）与矿（处）有关技术部门和定额员共同对工作面的自然、技术条件及各工序工作量进行鉴定。对定额员采用的标准定额和修正系数，可以提出意见或协商。意见不一致时，可以向矿长反映，但矿（处）已批准下达的作业定额有权威性、严肃性和强制约束作用，区（队）必须贯彻执行。

矿（处）劳动定额管理部门向区（队）下达作业定额，区（队）在接到作业定额后，必须有领导、有计划，在做好思想、技术、物资、组织等准备工作的基础上，采取有效措施，做好作业定额的贯彻工作。

（1）做好思想政治工作。向职工宣传贯彻定额标准对提高劳动生产率、增加社会积累、贯彻按劳分配政策以及降低产品成本和提高企业经济效益的意义，提高职工对定额标准的认识，使职工能够自觉地接受和执行定额标准。

（2）贯彻落实各种技术组织措施，为工人突破新定额标准提供必要的条件。技术组织措施包括做好生产前的准备工作、及时供应原材料、工具和工艺装备，消除机器设备的故障，保证上下工序之间的衔接、充分利用工作时间、改进机器设备、工具、工艺方法，改进生产组织及经营管理和建立严格的经济责任制等。对职工提出的有关定额水平的好建议和好措施，必须指定专人，指定日期，付诸实施。

（3）改善劳动组织，按正规循环作业配备劳动力，作业形式要科学合理。如机采工作面的劳动组织，在采煤队管理水平较高，工作面较长，每班进刀数少，顶板稳定的情况下，可实行追机作业；工作面不太长，每班进刀数多，顶板条件较差的情况下，可实行分段作业；在工作面较长的情况下还可以实行分段接力追机作业。在炮采工作面，采煤、支架工可按综合工种将采、支工分组进行作业。

（4）搞好职工培训工作，提高工人技术素质。采取技术表演、岗位练兵、组织文化技术培训的方法，传授先进的操作方法，提高工人的技术水平。加强对工人进行操作规程、安全规程和质量标准的教育，减少返工浪费和事故。

（5）开展群众性的技术改进、技术革新和提合理化建议活动。开展各种形式的竞赛活动，如等级队竞赛，各种对手赛，开展比、学、赶、帮、超的活动。要及时表扬在竞赛中完成定额好的先进班组和个人，这对调动工人的劳动热情，认真贯彻劳动定额有积极的作用。

（6）区（队）贯彻劳动定额要与工资分配和推行经济责任制相结合。在严格按定员定额组织生产的前提下，要根据职工完成定额多少合理分配报酬，做到多超多得、少超少得、不超不得，按劳分配，克服分配上的"大锅饭"，调动职工的积极性，促进劳动效率的不断提高。

（7）深入班组检查、分析工人执行定额情况。对于超过定额、创造先进生产水平的职工，要大力宣传，及时配合有关部门运用测时、写实等手段总结和推广他们的先进经验。对于经常完不成定额的职工，要查明原因，属于企业的问题，要通过矿（处）指定有关部门迅速改进；属于个人的问题，要帮助他尽快地突破新定额标准。对于个别不遵守劳动纪律、单纯追求数量，忽视质量，浪费原材料，甚至弄虚作假的职工，要给予批评教育，对情节严重的要给予必要的处理，做到有奖有罚，奖罚分明。

（8）改善劳动条件，加强劳动保护工作。采掘工作面的劳动条件好坏，直接关系到安全生产和职工的身体健康。如采煤工作面运输巷及风巷必须畅通，保证工作面有足够的风量，温度要符合规定，岩尘、煤尘、瓦斯不超限，无大积水等。做到安全文明生产，消除不安全因素，为广大职工创造良好的生产、工作环境，更好地完成和超额完成劳动定额标准。

2.3.3.2 区（队）是制定和修改劳动定额的资料源

制定、修改劳动定额，不论采用何种方法，都必须以区（队）现阶段的生产技术组织条件为前提，考虑近期生产设备、机械化程度的改变和采用新技术的可能性。区（队）按不同的制定、修改定额方法提供信息资料。

（1）采用经验估工法、统计分析法和比较类推法制定定额时，区（队）可以提供所使用设备、工具和生产技术条件；过去各工序的工时消耗情况或实际产量、实际工效的原始记录、统计资料；过去影响完成产量、进尺及工效的各种因素；生产技术组织条件的变化情况和职工群众意见等。

（2）采用技术测定法制定定额时，区（队）除可提供上述资料外，还要按技术测定和调查分析工时的两种方法，调查区（队）采掘工作面及其他生产工作岗位的工时消耗情况。

采用工作日写实法可从区（队）取得如下资料：（1）各类人员的工作负荷量；（2）设备的负荷情况和设备的开动率；（3）工时利用情况；（4）先进经验。

采用测时法可从区（队）取得如下资料：合理的工序结构和改进的操作方法；先进的操作经验。

对经常性作业，通过测时可制定"标准作业法"，作为工艺操作规程的补充和完善。同时，确定作业时间标准，为制定定额提供可靠的依据。

2.3.3.3 向矿（处）反馈劳动定额的执行情况

区（队）在劳动定额管理方面的职责是贯彻执行矿（处）下达的作业定额，检查分析定额执行中出现的问题，并向矿（处）及时反馈信息。

（1）计划管理方面。劳动定额为编制计划提供了依据。矿井生产计划是按照计划期定额的预计完成幅度和在册人数编制的，劳动计划是按照计划产量和工人预计完成定额的幅度编制的。生产计划所规定的产量、进尺和劳动计划所规定的人员配备结合起来，就为完成和超额完成劳动定额创造了条件。区（队）直接向矿（处）提供劳动定额与生产计划的结合情况和是否协调的信息。

（2）生产管理方面。劳动定额是生产管理的基础，工人完成和突破定额主要是通过加强生产管理来实现的。加强生产管理可以发现定额执行中的问题，如单项定额偏高、偏低，不平衡、不合理，以及工作内容、工作条件是否符合生产实际等。

（3）工资分配方面。劳动定额为按劳分配提供了条件。区（队）在贯彻作业定额的过程中，通过统计分析定额完成情况和各工种、工序的工人收入水平，可以掌握工种之间、工序之间定额水平是否平衡，以及职工对劳动定额的意见。此外，区（队）还可将由于定额的改进和提高，使劳动生产率提高、工资成本降低，以及由于加强质量管理，促进质量提高的情况反馈给矿（处）。

2.4 劳动定额的统计分析与修改

2.4.1 劳动定额统计分析的目的

劳动定额统计是反映劳动定额发展状态及变化规律的专业核算工作。按时进行定额完成情况的统计分析，是搞好劳动定额管理的主要内容，其目的是：

（1）掌握一定时期劳动定额的执行广度和深度，即定额的执行范围和定额质量方面情况。

（2）了解一定时期内定额的完成情况，以掌握定额水平的高低。

（3）了解不同产品、不同工组和个人的定额完成情况，便于总结经验和发现问题。

（4）对计件的工组和工人，通过定额完成情况的统计分析，掌握定额完成情况对计件工资的影响，考察计件工资水平和存在的问题。

（5）为改进定额管理、补充和修改定额积累资料。

2.4.2 区（队）劳动定额执行情况的统计内容

区（队）劳动定额统计，是根据原始记录、表格、登记的台账、统计和分析区（队）、班组定额完成情况，向劳动定额管理部门反馈信息。

（1）工作量记分台账。区（队）为掌握班组、个人完成定额情况，做好内部分配工作，要建立班组工作量记分台账，并根据班组工种验收传票得分逐日登记，月末核算总工数和分数，计算平均每工分数和定额完成百分数。分数作为班组内部计件工资的分配依据。班组和个人分数应按旬、月公布，增加工资分配的透明度。

（2）劳动定额与计件工资结算表。采掘工作面月末验收完毕，根据班组记工表、产量或工程量验收单、计件工资各项指标考核表和劳动定额与计件单价通知单，按劳动定额计件工资管理办法的规定进行结算。结算表既是结算工资的凭证，又是劳动定额与计件工资统计表进行统计的基础，由矿（处）专职定额员与区（队）共同结算。

劳动定额与计件工资结算表一般设有工资形式、执行某一劳动定额与计件单价的起止日期、劳动定额与单价、各项指标考核的加（减）项目、各类人员的出勤工数、产量（进尺）计划、实际全月总产量（进尺）、结算产量、定额标准、实际工效、定额工数和定额完成百分数，以及单价、计件工资、停工工资和辅助工资等栏目。

（3）劳动定额与计件工资统计表。劳动定额与计件工资统计表分月报、季报、年报，是分析定额完成与计件工资支付情况的主要依据。该表由定额人员根据劳动定额与计件工资结算表填写。它反映当月定额的完成情况，是编制定额季报、年报的基础，可为企业劳动定额管理人员了解定额与计件工资执行情况和修改定额提供资料。

（4）劳动定额平均完成幅度和分阶段完成定额幅度的统计。进行劳动定额平均完成幅度和分阶段完成幅度的统计，是煤炭企业定额统计的主要工作。其资料来源是工作量计分台账。它可以反映企业定额的执行情况。通过这项统计，能掌握企业定额管理的概貌，因此，企业应定期（月、季、年）进行统计。

分阶段完成定额幅度统计，可分班组进行，也可分工种进行。表2-4为某矿定额平均完成幅度和分阶段完成定额幅度统计表。

表2-4 分阶段完成定额幅度统计分析表

矿　　　　队　　　　月份

工种或班组	在册人数	实行劳动定额人数	完成定额平均幅度/%	分阶段完成定额人数						
				100%以下	100%~110%	111%~120%	121%~130%	131%~140%	141%~150%	151%以上
采煤	1300	1200	123	90	120	320	310	254	106	
开掘	900	320	107.5	50	150	110	10	—	—	

通过对完成定额平均幅度的分布，可以检查定额水平的先进程度。通过分阶段完成定额幅度的统计分析，可以检查定额完成平均幅度的情况。

2.4.3 定额完成情况的分析方法

（1）劳动定额完成率的分析方法。劳动定额完成情况的分析，通常是先分析分项定额、综合定额，然后分析区（队）和企业定额完成情况。分析时，一般采用下面三项指标：

1）产量定额完成系数：

$$产量定额完成系数 = \frac{实际效率}{产量定额}$$

2）产量定额完成的百分数：

$$产量定额完成的百分数 = \frac{实际效率}{产量定额} \times 100\%$$

3）产量定额的超额百分数：

$$产量定额的超额百分数 = \frac{实际效率 - 产量定额}{产量定额} \times 100\%$$

例如，某采煤工作面定额完成情况的计算：

1）单一作业打眼产量定额 110m/工，实际工效 121m/工，打眼定额完成的百分数为：

$$定额完成的百分数 = \frac{实际效率}{产量定额} \times 100\% = \frac{121}{110} \times 100\% = 110\%$$

2）采煤炮采综合产量定额 6.30t/工，实际工效 6.93t/工，综合定额完成的百分数为：

$$综合定额完成的百分数 = \frac{综合工种每工实际效率}{产量综合定额} \times 100\% = \frac{6.93}{6.30} \times 100\% = 110\%$$

为了汇总矿（处）、区（队）各工种的定额完成情况，通常采用定额工数进行统计。

例如，某矿 xx 年 x 月实际计件工数 40288 个，完成定额工数 47658 个，全矿定额完成的百分数为：

$$定额完成百分数 = \frac{定额工数}{实际计件工数} \times 100\% = \frac{47658}{40288} \times 100\% = 118.3\%$$

（2）综合定额和单项定额完成情况分析。煤炭企业采煤、掘进工作面，大多采用综合定额形式。综合定额也是以分项定额为基础制定的，因此，既要分析综合定额，又要分析单项定额。如果只分析综合定额而不考察单项定额，则容易掩盖单项定额中的问题。例如，某掘进工作面某日完成综合定额的情况，如表 2-5 所示。

表 2-5　定额完成情况表

项　目	计量单位	工作量	每工作业定额	所需工数	日完成情况		
					每工完成工作量	使用工数	完成定额的百分数/%
打　眼	m	1	0.2	5	0.25	4	125.0
爆　破	m	1	0.67	1.493	0.70	1.43	104.5
扒斗装矸	m³	24	35	0.686	35	0.686	100.0
运　矸	m³	24	45	0.533	50	0.48	111.1
铺临时轨	m	1	10	0.1	15	0.0666	150.0
打锚杆（顶）	根	4	6	0.667	7	0.57	116.6
打锚杆（帮）	根	6	8	0.75	8	0.75	100.0
喷　浆	m	1	0.6	1.667	0.5	2.0	83.3
综合定额	m/工	1	0.092	10.896	0.1001	9.99	108.8

从表 2-5 中可以发现，该掘进工作面综合定额完成 108.8%，而单项定额喷浆则只完成了定额的 83.3%，打眼与铺临时轨分别完成定额的 125.0% 和 150%。如果只分析综合定额，则单项定额未完成定额的情况将被掩盖。

（3）定额水平均衡性分析。完成定额均衡度是用各区（队）或工种完成定额水平的平均数来反映定额水平高低不均程度的指标。这个指标可以说明班组或个人定额水平的平衡情况。各次完成定额水平与总的平均完成水平的平均差距小，均衡度就高，定额水平也就比较平衡。反之，定额水平就不够平衡。其计算公式是：

$$完成定额均衡度 = \frac{\sqrt{\sum X^2 - \frac{(\sum X)^2}{n}}}{n-1}$$

式中 X——某区（队）（或工种）完成定额率；

n——区（队）（或工种）数。

例如，某队共有 5 个工种，某月定额完成情况如表 2-6 所示。

$$完成定额均衡度 = \sqrt{\frac{59050 - \frac{291600}{5}}{5-1}} = \sqrt{\frac{730}{4}} = 13.51$$

表 2-6 某队某月定额完成情况

工 种	完成定额率 X/%	X^2	$(\sum X)^2$
甲	100	10000	
乙	110	12100	
丙	115	13225	
丁	90	8100	
戊	125	15625	
$\sum$	540	59050	291600

（4）定额平均完成幅度和分阶段完成幅度的分析。通过对定额平均完成幅度和分阶段完成幅度的分析，可以检查定额水平的先进程度和定额完成平均幅度构成的内在情况。

计算平均完成幅度，一般用加权平均数计算，而不能用算术平均数计算。如某矿某月开掘定额平均完成幅度为（以表 2-4 中的数据计算）：

$$定额平均完成幅度（100\%） = \frac{\sum 完成定额不同百分数 \times 完成定额百分数}{总人数 \times 100} \times 100\%$$

$$= \frac{95 \times 50 + 105 \times 150 + 115 \times 110 + 125 \times 10}{320 \times 100} \times 100\%$$

$$= \frac{4750 + 15750 + 12650 + 1250}{32000} \times 100\% = 107.5\%$$

定额完成情况的分析内容很多，除上述几方面外，还有劳动定额实施广度和深度的分析，产量、质量变化对定额完成的影响分析，劳动组织和工时利用对定额完成的影响分析，以及原材料规格质量、生产环境对定额完成的影响分析等。

2.4.4 劳动定额的修改

2.4.4.1 定额修改的意义和目的

随着企业技术装备水平的不断提高和劳动组织的不断改善，经过一定时期以后，原有的劳动定额，就会失去原有的促进生产和劳动生产率增长的作用，这就需要对劳动定额做相应的修改，使之不断适应生产力发展的需要。但劳动定额又要有相对的稳定性，不能经常变动。定额修改过于频繁，不仅不利于调动广大职工的积极性，而且会增加定额管理的工作量。所以，企业要做好定额的定期或不定期的修改工作，不断提高定额水平。

（1）修改定额是提高生产力和劳动生产率的途径。劳动生产率的提高，一般是通过改进工艺技术和产品设计，提高劳动者的工艺技能和效率，以及增加生产等几个方面实现的。而劳动定额的改善和提高，则直接关系到劳动生产率的提高。

（2）修改定额可以起到鼓励先进、促进后进的作用。劳动定额在实施一个阶段后，由于工人技术熟练程度的提高，先进操作技术的推广，以及劳动组织、工作环境和工具设备的改善，促进了劳动生产率的提高，使得原劳动定额失去了先进性，不能继续作为工人努力的目标，而且还束缚了工人的积极性，违背了生产关系必须适应生产力发展的规律。因此，定期或不定期地对定额进行修改，能促使工人钻研业务，提高技术操作水平，起到鼓励先进、促进后进的作用。

（3）修改定额能够促进企业生产发展、降低成本、增加盈利。修改定额是通过技术测定、分析工时利用、贯彻技术组织措施实现的。它本身就带有推广先进经验、促进生产发展的性质。因此，修改定额就成了促进生产发展的有力杠杆。煤炭工业企业每次修改定额，都能收到促进企业生产发展、提高工效和降低成本的效果。

（4）修改定额有助于改进企业管理、加强经济核算和基础工作的建设。修改定额不仅提高了定额水平，而且促进了定额管理、计件工资管理、材料供应、产品验收、考勤、记工和劳动力配备，以及技术管理、设备管理和安全生产等方面管理工作的改进和加强。同时，还要求做好产品质量等级、产品成本和盈利的核算工作。因此，企业修改定额的过程，正是改进企业管理和建设基础工作的过程。

（5）修改定额可以调整不同工种、工序定额水平，使定额水平平衡合理。煤炭工业企业采、掘工种之间，工种内部各工序定额水平是否平衡，是定额管理工作的重要问题。定额水平不平衡，不仅不符合定额作为衡量劳动尺度的原则，而且会给定额管理、生产技术管理和按劳分配等方面带来许多问题。劳动定额最初制定时，各工种、工序定额水平是比较平衡合理的，但实行一个阶段后，由于生产的不断发展，设备工具、技术、材料的改进和提高，以及其他方面的因素，某些工种、工序的定额突破多，有些则突破少，或没有突破，这就势必形成某些定额偏低或偏高的不平衡、不合理情况。修改定额，可以使各工种、各工序的定额水平达到基本平衡。另外，定额实行一个阶段后，定额本身制定不合理的问题也会暴露，特别是随着新技术、新工艺、新设备、新工具的实施，劳动组织和其他生产条件的改变，对原定额进行改进、补充，就显得更加重要。

2.4.4.2　修改定额的方式

劳动定额的修改方式有定期修改和临时修改。

（1）定期修改。定期修改是全面系统地修改。定期修改适用于矿务局统一标准定额的审查修改。

定额水平应该具有相对的稳定性，不宜频繁修改。修改频繁会使定额失去"标准"的意义，而且每修改一次，从修改前的准备到具体的审查、修改，直到修改后的颁发实行，工作量很大。如果定额人员常年忙于修改定额，就会削弱定额的日常管理工作。另一方面，定额修改频繁，也会挫伤工人的劳动积极性和失去定额作为计划经济指标依据的意义。新定额一般规定试行期为3个月，然后定期使用，一般为1年。

定额修改期确定后，要向工人宣布，并严格遵守，不到修改期不能任意修改。但到了修改期必须进行修改，不然就会影响定额的修改工作，影响劳动生产率的提高。

（2）临时修改。临时修改定额是定期修改定额的补充。它属于有条件的、局部的、临时的调整和修改定额工作。新定额确定后，一般不能任意修改，只有在生产、技术、组织条件改变时，才能允许及时进行修改。

无论定期修改还是临时修改，都要采用"三结合"的方法。即分析以往的统计资料，根据新的组织技术条件重新进行技术测定和发动群众讨论，并在整个修改定额过程中，加强思想政治工作，启发职工对修改定额的积极性和主动性，以保证定额修改工作的顺利进行，不断提高定额水平。

复习思考题

（1）什么是劳动定额？劳动定额的基本表现形式是什么？

（2）简述劳动定额的作用。

（3）简述影响劳动定额制定的主要因素。

（4）制定劳动定额应遵循的基本原则是什么？

（5）什么是标准定额？什么是作业定额？

（6）区（队）劳动定额管理的内容。

（7）劳动定额修改的意义和目的是什么？

3 劳动定员工作

3.1 劳动定员概述

3.1.1 劳动定员的概念

劳动定员，就是区（队）根据上级下达的生产任务和各项考核指标，结合本区（队）工作地的自然条件和技术条件以及生产组织形式，按照优化组合、精简人员、节约用人、提高劳动生产率的原则，科学地确定区（队）各类管理人员、工程技术人员和各工种工人的需要标准。简言之，区（队）劳动定员就是要确定一定时期内区（队）的人员结构和各类人员的数量。

作为区（队）长，为了更好地完成生产任务和各项考核指标，首先必须在用人上做到心中有数，按照工种和工作地的定员标准来配备劳动力和调剂余缺，做到用尽量少的人办尽量多的事。定员一定要根据先进的定额确定，有了先进的定员标准，就可以使区（队）明确定员目标，克服各种浪费劳动力的现象。同时，通过定员，明确岗位分工，能使每个岗位上的人员明确自己的责任，有利于加强自身的责任感和提高生产积极性。区（队）定员工作做得好，对促进区（队）劳动组织的改善，加强劳动纪律，防止无计划、无根据地盲目用工以及开展劳动竞赛等都具有积极的作用。

3.1.2 劳动定员的原则

区（队）可根据不同的劳动对象（如采煤、掘进岩巷、机电维修、运输等）和生产要求，具体进行定员，但不同区（队）在确定人员种类和各类人员的数量界限时，应遵守以下几个方面的原则：

（1）定员要以正规循环作业为依据。区（队）一般要按正规循环作业的要求配备人员，即在规定的时间内，按生产工艺的顺序，保质、保量、安全地完成正规循环作业规定的全部工序和工作量来配备工种和人数。正规循环作业的工序安排决定了工作地所需要的工种。例如，某综采工作面根据工序要求，应配备采煤机司机、移溜工、转载机司机、工作面溜子司机、运料工、机电修理工和支架清理工等20多个工种。正规循环方式（循环进度和昼夜循环数）、作业形式（"三八"或"四六"制）以及正规循环的主要技术经济指标，决定了各工种的人员数量。这个人员数量必须能最大限度地完成或控制正规循环所规定的产量、进尺、效率、煤质、主要材料消耗和工作面煤炭回收率等指标。

（2）定员的水平必须先进。定员的水平先进就是指该区（队）与同类型的区（队）相比较，工种和人数相对减少，综合工种多，非直接生产人员（如辅助工、服务人员）比例小；劳动组织先进，有岗位就有人负责，每人都有事可做，使各工种的工人工作满负荷。所以，在制定定员标准时，应该把一切经过努力可以实现的潜力尽可能考虑进去，做到用人少、产量高、成本低，切不可"宽打窄用"，以实现精简、节约、高效率、快节奏的目标。

（3）定员要严格按照劳动定额来确定。劳动定额是定员的基础。一般情况下定员是根据各工种工作量和各工种的定额计算确定的。按照定额确定的定员人数，即能保证生产任务的完成。定额水平高，定员人数就少，定额水平低，则定员人数必然增多。为保证定员水平的先进，就必须选择先进的定额水平。

（4）定员水平既要相对稳定，又要适时变化。定员水平的相对稳定，就是在生产技术条件不变的情况下，不要随意改变工种和人数。定员水平改变频繁，不利于工人之间协调作业，不利于生产组织工作。但是，由于煤炭企业的生产条件时有变化，加之区（队）协议工、轮换工较多，其出勤率受季节等因素影响较大，为了保证生产任务的完成，应当根据具体情况相应地调整定员水平。这就需要区（队）随时掌握生产条件的变化和工人出勤规律，制定出一个先进和动态的定员水平。

（5）正确确定和处理区（队）各类工种人员的比例关系，适应生产安全的需要。在定员中，各类人员的比例应处在最佳状态，这种比例关系应有利于提高劳动生产率，有利于明确职责。一方面，尽可能做到直接生产工人多于非生产人员（如管理人员、服务人员），基本生产工人数要配足，辅助生产工人数要适量。另一方面，关键工序必须配备专业工种，如采煤机司机、移溜工、机电维修工等。对于较简单的几个工序（擂煤、支柱等），可实行综合工种。做到既有专业工种又有综合工种，既分工又协作。同时，定员要符合安全规程的有关规定。

（6）定员工作要从实际出发，用人所长，人事相宜。在分工与协作的基础上，要根据工种、技术熟练程度、体质和劳动态度等方面的具体差别，分配每个人到最合适的工作岗位上去，充分发挥每个工人的特长和积极性。

（7）定员工作要充分考虑保护工人的健康。区（队）工作地一般都在地下，空间窄小，劳动环境比较差，定员时要考虑到工人在作业过程中受到煤尘、岩尘、有害气体、矿压的威胁和影响，加之工人劳动强度大、操作紧张，生产必然有停歇、轮换现象。因此，定员要留有余地，要考虑正常停止和轮换所引起的定员人数的适当增加。

（8）定员应遵循国家的有关方针政策。定员要符合国家的用工制度，要严格执行有关的安全规程，要根据工作物等级配备相应的技术工人。同时，要努力实现国家或上级主管部门颁发的定员标准，凡没有达到定员标准的工种，应分析原因，积极采取措施，尽快达到标准。

3.2　劳动定员方法

劳动人员的计算方法，应根据各工种的劳动对象（采煤或运料）以及使用的劳动手段（综采或普采）、工作条件等具体情况加以确定。但无论何工种，计算定员人数的基本依据是该工种在一定时期内所要完成的总的工作量和劳动定额（或劳动生产率）。定员的具体方法有以下几种：

3.2.1　按劳动定额定员

这种定员方法是根据正规循环工作量或计划工作量、现行劳动定额和定额完成情况来计算所需人员数量的。只要能够计算出工作量，又能用定额来表示出这种工作量，就能够计算出完成该工作量所需要的工种或人员数量的。

按劳动定额确定定员，一般分两步进行，第一步确定出勤定员人数，第二步确定在册定员人数。

（1）计算出勤定员人数。出勤定员人数就是为完成计划工作量，按现行定额和计划定额完成系数确定的一个圆班内必须保证的人员数量。其计算公式如下：

$$出勤定员人数 = \frac{计划工作量}{现行劳动定额 \times 计划定额完成系数}$$

式中，计划工作量是圆班工作量，现行劳动定额为单项劳动定额或综合劳动定额，计划定额完成系数是根据该区（队）工作地的具体情况对定额进行修订的系数，各矿务局均有标准修订系数。

例如，某回采工作面每一工作日计划生产原煤 360t，每个采煤工每工作日综合采煤定额 4t，即 4t/工，计划定额完成系数 1.12。该回采工作面的计划出勤定员人数为：

$$出勤定员人数 = \frac{360}{4 \times 1.12} = 80 人$$

又如，某回采工作面正规循环支架工作量为 819 架·次，支架工每工作日支架单项定额为 60 架·次，考虑到顶板破碎，定额完成系数取 0.9。该工作面支架工计划出勤定员人数为：

$$计划出勤定员人数 = \frac{819}{60 \times 0.9} = 15 人$$

（2）计算在册定员人数。在册定员人数就是在确定出勤定员人数和用于轮休替休、充补缺勤人员数的基础上，计算出的该区（队）的应有人员数。

如果区（队）属于连续昼夜工作制，为保证出勤人数，须考虑替休人员数和适当的出勤率，即要计算在册定员人数。其计算公式有两种：

1）
$$在册定员人数 = \frac{出勤定员人数 \times \frac{7}{5}}{计划出勤率}$$

或
$$= \frac{出勤定员人数}{0.714 \times 计划出勤率}$$

式中，0.714 是轮休替休系数，即用每周每个工人的制度工作日数（5 天）除以每周生产工作日数（7 天）。

例如，某回采工作面出勤定员人数为 80 人，计划出勤率为 85%，在册定员人数为：

$$在册定员人数 = \frac{80 \times \frac{7}{5}}{85\%} = 132 人$$

或
$$在册定员人数 = \frac{80}{0.714 \times 85\%} = 132 人$$

2）
$$在册定员人数 = \frac{生产工作日数}{工人制度工作日数 \times 计划出勤率} \times 出勤定员人数$$

式中，工人制度工作日数为生产工作日数乘以轮休替休系数。

例如，上例如果该回采工作面全月生产工作日数为 30 天，则：

$$在册定员人数 = \frac{30}{30 \times 0.714 \times 85\%} \times 80 = 132 \text{ 人}$$

从上述计算式中可以看出，有以下三个主要因素影响定员水平：

一是计划工作量。在册定员人数与计划工作量成正比关系，即计划工作量大，定员人数就多；计划工作量小，定员人数就少。一般讲，计划工作量大而造成的定员人数多并非坏事，不应用减少计划工作量的办法来减少定员人数。

二是现行劳动定额和劳动定额完成系数。实际上，现行劳动定额乘以劳动定额完成系数就是劳动生产率。从公式中可见，劳动生产率与在册定员人数成反比例关系。劳动生产率水平高，定员人数就少，反之则多。因此，要想减少定员人数，必须设法提高劳动生产率水平。

三是计划出勤率。计划出勤率与在册定员人数成反比例关系。出勤率高，则定员人数少；反之则多。煤炭企业区（队）出勤率是定员的一个很重要的影响因素，经常影响区（队）的正常定员工作。所以，区（队）必须随时随地了解工人的出勤状况，严格执行考勤制度，及时采取措施，保证较高的出勤率。

除考虑上述三个因素外，实际中往往出现按计划工作量和现行定额计算得出不足一人的工种，若配备一人就可能出现窝工现象，这时就须按综合工作队来定员。

例如：某掘进工作面为半煤岩巷工作面，煤层断面为 $3m^2$，岩石断面为 $4m^2$，循环进度为 1.6m。其各工序循环工作量、定额、定额完成系数、计划劳动生产率和所需出勤工如表 3-1 所示。如果考虑三班作业，出勤率为 80%，轮休替休系数为 0.714，计算其在册定员人数。

表 3-1 掘进工作面出勤工数计算表

工 序	循环工作量	现行定额	完成定额系数	计划劳动生产率	所需出勤工数
钻煤眼	10.61m	38.8m/工	1.1	42.7m/工	0.298 工
清煤装机	6.6t	8.6t/工	1.1	9.46t/工	0.838 工
钻岩石眼	14.4m	18.0m/工	1.05	18.9m/工	0.915 工
清矸装机	6.4m³	3.5m³/工	1.0	3.5m³/工	2.195 工
支 架	2.0 架	2.1 架/工	1.03	2.12 架/工	1.132 工
铺 轨	1.6m	3.26m/工	1.12	3.65m/工	0.526 工
合 计					5.904 工

由上表得知，该掘进工作面每一循环需 6 人，三班制需出勤人数为 $3 \times 6 = 18$ 人。在册定员人数为：

$$在册定员人数 = \frac{18}{0.714 \times 0.80} = 32 \text{ 人}$$

该掘进工作面共有六道工序，每班出勤 6 名工人，采用综合工作队的劳动组织形式为宜。

3.2.2 按设备开动台数定员

这种方法是根据同时开动的设备台班（时）数和工人对该类设备的看管定额确定定员

人数的。它主要适用于设备看管工种和操纵设备运转的工种等。按此法确定定员的工种有综采的采煤机司机、液压支架工、端头支架工、移泵站工和变压站工；掘进的掘进机司机、皮带机司机；主副井绞车司机以及压风机、主扇、局扇、水泵、皮带运输机、硐室绞车等所需的工种等。

设备定员又可按同类设备定员和多台设备定员两种计算。

（1）同类设备定员。同类设备定员是按在一定时期同时开动的同类设备台数与实际开动班次配备人员。其计算公式为：

$$出勤定员人数 = \frac{同类设备开动台数 \times 每日开动班次}{该类设备的看管定额}$$

$$在册定员人数 = \frac{出勤定员人数}{轮替休系数 0.714 \times 计划出勤率}$$

例如：某矿井井底车场水泵硐室有水泵6台，全部开动，每日三班工作，每班每人看管两台，计划出勤率95%，轮休替休系数0.714。计算每班、圆班出勤工人数和在册定员人数。

根据上述公式

$$出勤人数 = \frac{6 \times 3}{2} = 9 人／日$$

即每班出勤3人，每个圆班出勤9人。

$$在册定员人数 = \frac{9}{0.714 \times 95\%} = 14 人$$

其中，14 − 9 = 5（人）为用于轮休替休和充补缺勤人员。

（2）多台设备定员。多台设备定员是按在同一工作地点、同时开动不同类型设备的台数与实际开动班次配备人员。如果按每种设备配备工种，就会出现某些工种工作量不饱和，有窝工现象。这时就必须考虑配备综合工种或一专多能工种看管不同的几台设备。其计算公式为：

$$出勤定员人数 = \sum \frac{某类设备开动台数 \times 每日开动班次}{某类设备的看管定额}$$

$$在册定员人数 = \frac{出勤定员人数}{轮替休系数 0.714 \times 计划出勤率}$$

例如：某综采工作面的轨道巷中安置有一台液压泵、一台变压器和3台绞车，每日工作四班。液压泵看管定额为2台/工，变压器看管定额为3台/工，绞车看管定额为3台/工，计划出勤率为85%。计算该工作地设备定员：

$$出勤定员人数 = \frac{1 \times 4}{2} + \frac{1 \times 4}{3} + \frac{3 \times 4}{3} = 2 + 1.3 + 4 \approx 8 人／日$$

即一个圆班的出勤定员数为8人，每班的出勤定员人数为2人，2人共同看管3种5台设备。

$$在册定员人数 = \frac{8}{0.714 \times 85\%} \approx 14 人／日$$

组织综合工种看管多台设备时，应注意以下几个问题：

1）要配备有责任心较强、技术水平较高和"多面手"的工人；

2）设备的布置要做到使工人操作或检查维修方便，尽量较集中地布置在 ·个工作地；

3）多台不同设备的操作或看管必须严格执行有关规程和安全规程。不能保证按规程操作或看管，就不能组织多台设备的看管。

从上述计算定员人数的公式中可以看出，影响按设备开动台数定员人数的因素主要是以下两个：

一是设备开动台数和每天每台设备开动的班次。开动台数及开动班次越多，定员人数就越多；反之则越少。在应用按开动设备台数定员时，应根据生产任务和设备的台班（时）产量定额，对必须开动的设备台数及班次进行核定，不能简单地以现有的设备台数和每天均开动二班或三班、四班来计算。

二是设备看管定额。设备看管定额与定员人数成反比，看管定额水平高，定员人数则少；反之则多。区（队）工作地一般不确定因素较多，设备的机时利用率不可能做到百分之百，所以只能在符合生产技术要求的条件下，设法提高看管定额，减少定员人数。

（3）计划出勤率。计划出勤率与定员人数成反比，出勤率越高，定员人数越少；反之则多。所以，必须从制度上采取措施，保证较高的出勤率。

3.2.3　按岗位定员

按岗位定员是指根据各岗位的定员标准、工作班次和岗位数目进行定员。这种定员方法主要适用于一些工作地和工作内容相对独立、工作量不便计算的情况来确定定员。用此方法定员的有采区煤仓装煤工、煤巷洒水工、巷道清理工、信号工、搬道岔工、配电工、机电维修工、管工、瓦斯检验员等。其计算公式为：

出勤定员人数 = 单个岗位定员标准 × 单个岗位日工作班数 × 同类岗位数目

$$在册定员人数 = \frac{出勤定员人数}{轮替休系数 0.714 × 计划出勤率}$$

例如：某运输区（队）为使煤炭从采区煤仓装车后安全顺利地运至井底车场翻笼硐室翻笼，需在运输大巷 5 个道岔口分别配置一名搬道岔工，日工作班数为 3 班。其岗位定员为：

出勤定员人数 = 1 人/班 × 3 班/日 × 5 = 15 人/日

$$在册定员人数 = \frac{15}{0.714 × 95\%} ≈ 23 人/日$$

即该运输区（队）每班出勤搬道岔工 5 人，一个圆班为 15 人。

如果实行综合工种，即对一些岗位可实行一个工人同时负责多个岗位，如果一个工人既负责打信号，又负责搬道岔，其定员公式可为：

定员出勤人数 = Σ担任岗位定员标准 × 担任岗位日工作班数 × 同类岗位数目

在册定员人数计算式相同

在确定岗位定员时，应考虑到下列因素：

（1）岗位定员标准和工作量大小。岗位定员标准高，工作量大，其定员人数就多；反之则少。在实际生产中，同类岗位工作量大小却不一样，配备人员时一方面可以对工作量较大的岗位多配备人员，另一方面可以从劳动组织方面予以协调。

（2）岗位的个数及其重要程度岗位的数目多，则该岗位的定员人数多；反之则少。如果某岗位重要，尽管工作量不太大，但责任大，也必须配备足够的人员。当然在保证不降低岗位重要程度的条件下，应尽量扩大岗位的任务和责任范围，减少岗位数目，从而减少岗位定员人数。

（3）计划出勤率。计划出勤率同样影响到岗位定员人数。计划出勤率高，岗位定员人数少；反之则多。

3.2.4　按比例定员

按比例定员是指以某类人员数为基础，按为该类人员服务确定其他人员的比例标准，以此比例标准计算的其他人员数。这种方法适用于区（队）的非生产工种和辅助生产工种的定员，如区（队）的有关管理人员、统计人员、安全检查人员、运输人员、勤杂人员以及基层党政工团的有关人员等。上述这些按比例确定的人员一般都随生产工人总人数的增减而相应地增减。其计算公式为：

$$出勤定员人数 = 某类人员总数或职工总数 × 定员标准比例$$

式中，定员标准比例一般由上级有关部门确定。

例如：某综采工作面圆班出勤定员人数为 156 人，根据管理需要配备统计验收人员，其定员标准比例为 1:60。计算统计验收定员人数：

$$出勤定员人数 = 156 × 1/60 = 2.6 人 ≈ 3 人$$

即一个圆班需要统计验收员 3 人，该工作面工作制度为三班制，每班配备一名统计验收员。

比例定员人数主要取决于定员标准比例。定员标准比例小，按比例定员的人数少；反之则多。

按比例定员的工种和人数在区（队）不多，一般可不再考虑轮休替休系数和出勤率的影响，这两方面的问题可通过区（队）劳动组织协调解决。

3.2.5　按组织机构、职责范围和业务分工定员

这种定员方法就是按区（队）现有的组织机构、管理权限、职责范围和具体的业务分工来确定人员，它适用于区（队）长、区（队）管理人员、技术员等。这类人员的确定主要取决于管理层次，如某些采区的生产指挥分为区长、队长和班组长三层次。层次多，定员人数就多，因此，应尽可能减少管理层次。这种定员人数也取决于业务分工和职责范围的大小，业务分工过细，职责划分范围太小，就会增加人员，人浮于事，工作效率低。因此，应尽量精简人员，正职能做就不设副职，区（队）长应尽量兼职从事某些管理业务工作，如验收统计和质量控制工作等。另外，工作效率、人员素质、思想觉悟等也影响这类定员的人数。这类人员的工作随机性、伸缩性较大；一些工作量无法用计算的办法确定。如果区（队）人员工作效率高、业务强，有责任心，管理实行了标准化、程序化、规范化，这类人员的定员人数就会相应减少。

上面介绍了几种主要的定员方法，在实际工作中，由于区（队）内部各工种的工作各有特点，情况比较复杂，因此，在具体定员时，可以把以上几种方法结合起来灵活运用。

区（队）定员时，不仅要定人员的数量，还要注意定人员的质量，使各工种工人从政治思想、业务能力、文化水平、技术熟练程度、年龄、体质等方面都能适应岗位工作的要

求。定员方案确定后，还应积极与上级主管部门配合，做到符合有关的方针政策。同时，应充分征求工人的意见，因为他们了解自己所从事的工作应该配备多少人，了解哪里有浪费劳动力现象，哪里还可以节约劳动力的使用，同时与同类先进区（队）比较、分析，找差距，最终可以制定出先进的定员人数。

3.3 劳动力计划

劳动力计划又称职工人数计划或职工需要量计划。区（队）编制职工人数计划，就是根据先进的劳动定额编制定员，正确地确定区（队）为完成一定时期内（如一年）的各项计划任务所必需的各类人员数量。

劳动力计划和编制定员有密切联系。编制定员规定了区（队）在一定时期（通常是一年以上）的用人标准，它是编制劳动力计划的依据，而劳动力计划是根据计划期（通常为一年以内）的具体任务和新的情况，对编制定员所进行的修改和调整。

3.3.1 区（队）劳动力计划的编制依据和内容

（1）区（队）劳动力计划的编制依据：

1）上级主管部门下达的职工人数控制指标；

2）计划期的生产任务和各项技术经济指标；

3）编制定员和劳动定额；

4）劳动力的节约，挖潜措施；

5）区（队）现有人员状况等。

（2）区（队）劳动力计划的内容：

1）确定计划期内为完成上级下达的生产任务和各项技术经济指标所需要的劳动力数量，并按月、季、年分别计算各类人员的期末人数与平均在册人数指标；

2）在提高工时利用率的基础上，确定先进的计划出勤率；

3）确定区（队）各类人员的合理结构；

4）根据生产任务和定额、定员标准，制定挖掘区（队）内部劳动潜力的措施，编制区（队）在计划年度的人员增减指标。

3.3.2 区（队）劳动力计划的编制和确定方法

3.3.2.1 区（队）劳动力计划的编制程序

第一步，对区（队）内各工种和各专业岗位进行分类，并确定各类人员之间的比例关系。

第二步，根据区（队）生产任务、各项技术经济指标和提高劳动生产率的要求，在先进劳动定额和编制定员方案的基础上，计算各类人员平均需要量的计划数，即计划期内职工平均在册人数。

第三步，在计算计划期内各类人员计划数的基础上，计算计划期内各类人员期末在册人数。

第四步，对区（队）劳动力计划进行平衡，包括数量平衡和质量平衡。

第五步，将已编制好的区（队）劳动力计划报上级有关部门审批。

3.3.2.2　区（队）劳动力计划的确定方法

编制区（队）劳动力计划时，首先确定基本生产工人的需要量，然后再确定其他各类人员的需要量。

（1）采掘工人计划需要量的确定方法：

1）计算为完成计划生产任务所必需的出勤工日数，计算公式为：

$$计划出勤工日数 = \frac{计划产量}{综合定额 \times 定额计划完成系数}$$

或

$$= \frac{计划产量}{计划劳动生产率}$$

2）根据计划期的计划日数，计算计划平均出勤人数，计算公式为：

$$计划平均出勤人数 = \frac{计划出勤工日数}{计划工作日数}$$

3）确定轮休替休系数和计划期的计划出勤率。轮休替休系数仍为 7/5，即 1.4，计划出勤率的计算公式为：

$$计划出勤率(\%) = \frac{日历日数 - 公休节假日数 - 平均每人可能的缺勤天数}{日历日数 - 公休节假日数} \times 100\%$$

或

$$= \frac{工人计划期内可能出勤的工作日数}{计划期内的法定工作日数} \times 100\%$$

4）最后计算计划期平均在册人数，其计算公式为：

$$计划期平均在册人数 = \frac{计划期出勤工日数 \times 1.4}{计划出勤率(\%)}$$

（2）辅助生产工人计划需要量的确定方法。辅助生产工人计划需要量的计算，应根据其工作性质的不同采用不同的方法。工作量能计算出来的工种，可以用确定采掘工人计划需要量的方法确定，其他一些工种可以用以下方法确定：

1）按开动设备台数定员的工种，在计算其计划平均在册人数时，先计算计划平均出勤人数，其计算公式为：

$$计划平均出勤人数 = \frac{为完成生产任务所}{需要的设备台数} \times \frac{每天每台设备}{开动的班次} \times \frac{每台设备的}{定员人数}$$

然后计算计划平均在册人数，其计算公式为：

$$计划平均在册人数 = \frac{计划出勤人数 \times 1.4}{计划出勤率(\%)}$$

2）按岗位定员的工种，其计算平均在册人数的计算公式如下：

$$计划平均出勤人数 = 岗位数目 \times 每天每岗位的工作班数 \times 岗位定员人数$$

$$计划平均在册人数 = \frac{计划平均在册人数 \times 1.4}{计划出勤率(\%)}$$

（3）对一些包干计件性工种，如巷道维修工、轨道维修工、密闭与风门工、接风筒工、矿灯维修工等，其计划劳动力数量为：

$$计划期需配备人数 = 计划期保修工作量 \div 保修工作定额$$

$$计划期平均在册人数 = 计划需配备人数 \div 计划出勤率$$

　　某些辅助工人的计划需要量，可根据煤炭企业有关辅助工人的定员标准和管理办法加以确定。

　　（4）学徒工计划平均在册人数的确定方法。学徒工计划人数是根据现有人数、计划期学习期满正式转正人数和计划期准备新增学徒人数来计算确定的。其计算公式如下：

$$\frac{\text{计划期学徒工}}{\text{平均在册人数}} = \left(\frac{\text{现有人数} \times \text{计划期日数} - \text{转正人数} \times \text{转正日期}}{\text{至年底日数} + \text{新增人数} \times \text{新增日至年底日数}} \right) \div \frac{\text{计划期日}}{\text{历工日数}}$$

　　区（队）其他人员的确定，可以按规定的比例或岗位的重要程度编制劳动力计划，必要时也可以按现有人数来确定。

　　以上劳动力计划编制、确定的是计划期平均在册人数。为了看出计划期内劳动力的动态情况，还须确定劳动力的期末量，即期末在册人数。期末在册人数表明计划期末那一天的劳动力的数量。控制期末劳动力数量可以使区（队）合理均衡的使用劳动力，避免劳动力出勤呈现时高时低的现象。

　　计算期末在册人数的方法有增减法和连锁法。

　　1）增减法是根据计划初期在册人数和计划期人员的增加与减少情况确定的。其计算公式如下：

　　　　计划期期末在册人数 = 计划期期初在册人数 + 计划期新增人数 - 计划期减少人数

　　2）连锁法是根据计划期（如年度）内第一个时间阶段（如月或季度）的期初人数和平均人数来计算其期末在册人数，然后以这一阶段（即上阶段）的期末人数作为下一阶段的期初人数，并考虑下一阶段的平均人数来计算该阶段的期末人数。依此类推，连锁计算就可以计算出计划期期末在册人数。

　　这种方法的原理是：假设在计划期内劳动力数量增减变化是均匀的，就有下式成立：

　　　　计划期平均在册人数 = （计划期期初在册人数 + 计划期期末在册人数）÷ 2

　　则有：

　　　　计划期期末在册人数 = 2 × 计划期平均在册人数 - 计划期期初在册人数

　　又有：

　　　　计划期增加人数 = 期末人数 - 期初人数

　　　　计划期减少人数 = 期初人数 - 期末人数

　　通过上述算式的计算，就可以掌握计划期内劳动力计划变化情况及计划期末在册人数。

　　例如：某采区计划年度内各季平均计划人数，如表3-2所示。

表3-2　某采区计划年度内各季平均计划人数

上年末在册人数	计划期各季度平均在册人数			
	一季	二季	三季	四季
250	280	230	250	240

　　这里预计上年末在册人数也是计划期期初在册人数。各季度的平均在册人数是根据该采区生产任务的变化而计算出来的。

　　由公式计算：

　　第一季度末人数 = 2 × 280 - 250 = 310 人；

第二季度末人数 $= 2 \times 230 - 310 = 150$ 人；

第三季度末人数 $= 2 \times 250 - 150 = 350$ 人；

第四季度末人数 $= 2 \times 240 - 350 = 130$ 人；

第四季度末人数也是计划期末在册人数，即 130 人。

各季度增减人数情况为：

第一季度增加人数 $= 310 - 250 = 60$ 人；

第二季度减少人数 $= 310 - 150 = 160$ 人；

第三季度增加人数 $= 350 - 150 = 200$ 人；

第四季度减少人数 $= 350 - 130 = 220$ 人。

以上计算增减人数抵消后，计划年度内净减人数为：

$$(220 + 160) - (20 + 60) = 120 \text{ 人}$$

编制出劳动力计划后，为了切实按劳动力计划在计划期内配备劳动力，区（队）还必须抓计划落实工作，应将计算结果与区（队）的现有人数进行比较，从数量上和工种上进行平衡，应及时组织"四检"，即查劳动管理制度是否健全，查劳动组织是否先进合理，查现有人员工作效率是否高，查工时利用是否充分。检查方式可采用日常检查、定期检查、专题检查、全面检查等。

编制劳动力计划的工作是一个完整的过程，从确定劳动力计划内容、具体计算编制开始，经过组织计划的实施，到检查计划的执行情况，直至总结计划完成的经验，提出解决问题和改进工作的意见，是一个循环过程。在一个循环结束后，又要在上期劳动力计划执行结束的基础上，根据新的情况和要求，编制出新的劳动力计划，开始新的循环。通过每次认真地循环过程，就能不断地提高劳动生产率，更加合理地使用劳动力。

复习思考题

(1) 劳动定员的概念。

(2) 简述劳动定员的原则。

(3) 简述劳动定员的常用方法。

4 区（队）劳动组织

区（队）劳动组织，就是对区（队）生产活动在分工协作基础上，从空间和时间上合理地组织和安排各工种人员的生产活动。其主要内容包括：正确地确定劳动组织形式；为各工序、岗位配备工种人员；合理地组织工作地和工作轮班；根据生产任务的要求，不断地改善和调整劳动组织等。

劳动组织工作的基本任务，就是通过做好以上各项工作，充分调动每个劳动者的积极性，正确处理劳动者、劳动工具和劳动对象之间的关系，保持生产过程的连续性、比例性、均衡性和节奏性。同时，努力挖掘区（队）劳动力潜力，消除劳动力浪费现象和生产无人负责现象，不断采取措施提高劳动生产率，保证区（队）生产任务和各项技术经济指标的完成。

4.1 劳动分工与协作

4.1.1 劳动分工

区（队）劳动分工是在煤炭企业和矿井劳动分工的基础上，所进行的局部的和个别的劳动分工。它是根据区（队）生产活动的要求，把区（队）内部的生产活动科学地分解为各个相互联系的工序，严格地规定各工序的工作内容、责任范围和所使用的方法手段，从而使每个人的工作相对独立和专职。如某掘进队，根据掘进工作的性质，将其生产活动分为打眼、装药连线、放炮通风，装运岩（煤）、支护、铺轨挖沟等工序，按每工序的工作内容，把掘进队工人分为掘进工、掘进机司机、支护工、铺轨工、运岩工、运料工、放炮工、机电工、管工、装岩工、质量检验员等。同时，制定出各工种的岗位责任制和标准工作或操作程序。

劳动分工一般表现为工作相对简单和专门化。实行劳动分工，有利于劳动者较快地提高技术熟练程度和劳动生产率，为使用高效率设备创造条件；有利于区（队）在生产组织上更多地采用交叉作业或平行作业，缩短正规循环生产的周期；有利于促使区（队）设立工作岗位和合理定员。劳动分工后，区（队）就可很容易地根据劳动者的身体素质、技术水平和专业特长分配工作，防止因劳动者经常地转换工作岗位而造成工时浪费现象。总之，劳动分工是劳动组织工作的基础，是提高劳动生产率的重要手段。

但是，劳动分工过细也会带来某些弊病。劳动简化，容易使工作单调、乏味，影响劳动者工作情绪。劳动专门化，使技术工变成了熟练工，会影响劳动者的全面发展，不利于组织综合工作。分工过细也给劳动力调配带来困难，容易造成劳动负荷不均的现象。因此，区（队）劳动分工有一个经济性和合理性的界限，在实际工作中，应根据工作地的自然条件、技术条件以及生产任务的要求，定期加以调整劳动分工。如回采工作面在正常生产过程中，劳动分工可以细一些，而在特殊情况下，如工作面搬家、过断层、处理冒顶等，劳动分工宜采用综合工种，而不宜分工过细。

4.1.2 劳动分工层次

劳动分工层次也称劳动分工类型，也就是区（队）通过劳动分工类别，来确定各工种的性质。影响区（队）劳动分工层次的因素有：工艺过程的特点；工人技术熟练程度；工作地条件及工作量大小；工作性质及工作责任是否能划分明确；能否保证工作质量和安全作业；在时空上实行平行或交叉作业的可能性；能否充分利用工时。

根据上述因素，区（队）劳动分工层次有：

（1）按生产环节分工。矿井生产环节主要分为回采、掘进、运输、提升、洗选、通风、排水、压风、供电、安装、维修、通讯、检验等环节。每一环节都有相应的工人从事该环节要求的所有工作，这是区（队）劳动组织中最基本的分工形式，也是分析劳动力结构、合理配备各类人员的基础。

（2）按工艺性质分工。矿井各生产环节都有若干个工序，各工序之间在时间上的结合方式有顺序、平行、交叉等多种形式，每道工序在工艺上又各有特点和构成独特的工艺过程，按此特点分工实际上就是对生产环节的再次分工，其核心是确定各种工种类别，也是区（队）进行劳动分工的关键。如根据炮采工作面回采工艺特点，有打眼工、攉煤工、支柱工、放炮工等；根据综采工作面回采工艺特点，有机组司机、泵站司机、支架工、转载机司机等；对于分层开采的工作面还有铺网工等。

这样分工，劳动的专业性很强，在工作量充足时，消除了从某一工作转到另一工作时的间断时间，不需要花费准备与作业结束时间；各工种责任明确，便于考核各工种的工作情况，有利于执行劳动管理制度，同时也可以提高机器设备的利用效率，提高工人操作熟练程度。区（队）的劳动组织基本上是按此分工组织生产活动的。

（3）按技术水平分工。这是在各工种内部按责任大小、工作难易程度和要求的技术水平高低进行的各工种内的纵向分工，即等级分工。在区（队）内，即使是同一工种，有的工作复杂、技术要求高，有的工作简单、技术要求低，有的工作责任大，有的工作责任小。因此，在劳动组织工作中就要按不同的工作要求，划分不同的技术等级，配备相应技术等级的工人。如综采工作面的采煤机司机和其他助手，他们的技术要求、责任大小都不一样，属于不同技术等级的工人。

（4）按专业和综合工种分工。随着区（队）机械化程度的提高，工序之间的联系更加紧密，加之操作简化和工人技术水平的不断提高，一些过去分别由若干人完成的工序，现在可以用一个人来完成，这时就可以将工序组合起来形成综合工序。综合工序可由二道、三道或更多的工序组成。所以，区（队）在分工时，可按照专业工种和综合工种划分。一些关键工序仍配备专业工种，如采煤机司机。一些非关键工序可以组成综合工序，配备综合工种，如看溜工和砸大块煤工可合为一个工种。回采工作面还可以把攉煤工与支架工合并为采支工，把清理浮煤、推送运输机和移架合为一个工种完成。

4.1.3 劳动协作

区（队）劳动协作是指由于劳动分工而处在不同工序或岗位上的各工种工人，为了实现共同的目的，按照统一的生产过程或生产工艺的要求所从事的既相对独立又紧密联系的、有组织的协同劳动。有分工，就要有协作，分工越精细，协作的程度就越高。协作不仅能提高个人的工作能力，而且可以发挥集体的力量。有效的协作将会产生新的生产力，使一些用分散的工种工人无法进行或需要很长时间才能做好的工作，能够迅速完成。

搞好劳动协作必须注意以下几点：

（1）要在劳动管理制度上，把各工种之间的协作关系规定下来，要有严格的岗位责任制和经济责任制加以监督和制约。只有这样，才能保证协作的有效进行。

（2）加强思想教育，克服本位主义，提倡主动协作的精神，避免推诿、扯皮现象发生。

（3）加强区（队）的集中统一指挥，注意协调各工种、各岗位之间的工作，避免窝工浪费、人浮于事、苦乐不均的现象发生。

（4）有计划地开展"一专多能"活动，把工人培养成"多面手"，使工人对各种有关的工作有所了解，以利于彼此之间在生产技术方面的协调。

4.1.4 劳动力配备

区（队）在劳动力分工和协作的基础上，根据生产的变化和劳动力素质的变化，对劳动力进行合理地配备。所谓劳动力配备，就是要为各工序和各岗位配备具有相应工种和相应技术水平的工人，做到人事相宜。

在配备劳动力时按生产任务的要求，首先，要考虑到区（队）的技术业务内容，决定需要的各工种和各岗位的技术等级；其次，要考虑到各工种和各岗位的工作量大小，确定每个工人或每组工人在工作地完成某一工序的工作量；最后，要考虑工人单独完成工作的可能性，也就是能够由每个工人独立完成的工作，就应尽可能地分开，以便建立生产责任制和正确考核与评定每个人的劳动成果。除此之外，配备劳动力时还要做到以下几点：

（1）充分发挥每个工人的专长。在配备劳动力时，应使每个人所担负的工作，尽可能地适合本人的技术等级和操作技能，尽可能避免技术等级高的工人去做技术等级低的工作，基本生产工人去做辅助生产工人或服务工人的工作。对于那些技术复杂、安全和质量要求高的关键工作岗位和工序，要配备责任心强、技术熟练和经验丰富的工人担任。

（2）保证足够的工作量和充分利用工时。工作量是否满，工时利用是否充分，也是衡量劳动分工是否合理、协作是否有效的重要标志。如果某个工种的工人其工作量不足，可以适当扩大其工作范围，充实工作内容，使该工人兼做一些其他工作，或者是撤销该工种，将该工种承担的工作内容，合理地分配给相关工种的工人去完成。

（3）使每个工人都有明确的职责。在为每个工人分配工作时，要明确规定该工人的任务数量、质量要求、经济要求和时间要求。凡是集体共同完成的工作，要指定总负责人，同时对每个人有具体的责任要求，做到人人有专责、事事有人管，避免职责不清、奖罚不明、相互扯皮、贻误工作的现象发生。

（4）有利于工人之间的联系和协作。劳动力的使用不仅要考虑到分工合理，也要考虑到工人之间的关系。工人之间按工序要求的正常协作很重要，工人之间非正常的合作也很重要。往往在工作中不可能绝对地分工，某些工作需要工人彼此之间主动去完成。因此，在劳动力配备时，要充分照顾工人非正式的组织关系和每组工人之间的凝聚力。另外，劳动配备要做到取长补短，发挥其整体效力。

（5）有利于工人操作技术的全面发展和岗位的相对稳定。在可能的条件下，配备工人时应考虑到工人的全面发展和提高技术水平的要求，要有目的地培养、提高工人担负更高层次技术工作的能力。同时，还要考虑到工人掌握技术、提高熟练程度以及与其他工人更有效的协作，因此，不要频繁调动工人的工作岗位或工种，以保持其工作的相对稳定。

4.2　劳动组织形式

劳动组织形式是劳动分工、协作和劳动力配备的具体表现形式。劳动分工、协作和劳动力配备的作用，只有通过劳动组织形式得以实现。区（队）劳动组织形式有班组组织和以班组组织为基础的劳动空间组织和时间组织三种形式。

4.2.1　班组劳动组织形式

班组是区（队）劳动组织的基本形式，是矿井劳动分工的一种普遍形式。班组是指把某一生产环节中相应工作的各工种和岗位组织在一起的一个劳动集体，是矿级行政管理的基层单位。班内全体工人为完成生产任务，在生产过程中既分工又协作，并且对总的工作结果共同负责。生产队劳动组织有以下几种形式：

（1）专业化班组。区（队）按专业化组织工作，班组由完成某一项工作的同一工种的工人组成，班内的工人只做本工种的工作，一般不做其他工种的工作。其特点是按分工作业，如机电维修、运输、通风等生产环节可按专业化组织生产。这种形式有利于提高工人技术水平，有利于工作质量的提高。但是，由于分工范围比较狭窄，容易造成工作量不足现象，影响工人充分发挥生产积极性。

（2）综合班组。区（队）按综合班组组织工作，班组由在技术上和组织上有密切联系的若干工种的工人组成，班内的每个工人除按自己的专长负责完成本工种的工作外，还协助班内其他工人完成任务。其特点是分工协作，互相配合，兼职作业。这种形式便于充分利用工时，减少窝工浪费。工种减少，组织相对简单。但是，由于一个工人从事一个以上工种的工作，容易出现某些工作责任不清的现象。

综合班组是目前区（队）较普遍采用的形式，如回采、掘进都采用这种形式。区（队）综合班组的劳动组织形式，一般适用于以下几种情况：1）某项工作不能由单个工人独立进行，而必须共同协作才能完成；2）工人的工作成果有密切联系，需要加强相互间的配合；3）为了使生产准备工作、辅助工作和基本工作联系更加紧密；4）操纵大型、复杂的机器设备和联机作业；5）工种多、工作量不足、时间利用不充分；6）工作任务虽然由单个工人进行操作，但为了便于管理和相互学习、交流经验等。

（3）混合班组。在该班组内，既有按专业原则组织的工种，又有按综合原则组织的工种。班内某些工组是专业组，某些工组是综合组，如某采煤队，割煤、移溜组成专业组，铺网、支柱、回柱、清浮煤组成综合组，专业组和综合组构成混合班组，一个检修班为专业班组。

由于区（队）是连续 24h 进行生产的，一般情况下，实行三班或四班作业。根据这种特点，劳动组织又可分为下面两种形式：

1) 小班工作队。小班工作队只包括在同一工作地的同一个工作班内进行工作的工人。工作量的计算和考核以及工资的分配都按一个工作班进行。昼夜的生产分别由数个独立的小班工作队进行。这种工作队的优点是，班内工人组成一个利益群体，共同关心本班的生产和劳动成果，工人之间的配合比较好。如果生产工序少，工作地相对稳定，工作量便于以班计算和考核，则可采用小班工作队的组织形式。如小断面的巷道掘进，一个班内就可完成一个或几个正规循环，应采用小班工作队的劳动组织形式。采用这种形式时，要注意建立健全岗位责任制和交接班制度，避免紧前班与紧后班之间的不协调和扯皮现象。

2) 圆班工作队。圆班工作队包括在同一工作地点昼夜三班或四班工作的全体工人。工作量的计算和考核以及工资的分配都是以圆班为单位进行的。昼夜的生产由一个工作队组织若干个班进行。这种工作队的优点是，各班之间由于利益的一致性，班与班之间可以做到较好的协作，前班能够较主动地为下一班创造较好的工作条件。当生产工序较复杂，工作量较大，一个作业班在规定时间内无法完成一个循环的工作时，则可采用圆班工作队。如回采工作面采用二班采煤一班回柱放顶和支护，昼夜完成一个工作循环的情况；又如大断面岩巷掘进采用一班打眼放炮、一班装岩铺轨、一班砌钢筋混凝土，三班完成一个工作循环的情况，均应采用圆班工作队的组织形式。

区（队）在实际生产活动中，根据具体情况，还可以将上述的两种劳动组织形式进行有机地组合，形成新的劳动组织形式。如可以组织成小班专业班组、小班综合班组、小班混合班组、圆班专业班组、圆班综合班组和圆班混合班组等。

4.2.2 生产班制劳动组织形式

上述组织形式是按集体原则组织的。而生产班制劳动组织则是按时间原则组织的。生产班制规定了区（队）昼夜工作的班数以及各班在时间上和工作内容上的关系。其具体形式有：

（1）单班制。单班制即每天组织一班工人进行生产，主要适应于间断生产的单位。单班制有利于工人的健康，有充足的时间进行设备检修，组织管理比较简单。这种生产班制一般用于辅助生产单位和服务部门。

（2）多班制。多班制即昼夜 24h 内组织两班或两班以上的工人轮流接替生产。多班制的形式主要有：

1) 两班制。昼夜分早班、中班进行生产，每班工作 8h。

2) 三班制。每天分早班、中班、晚班三个班进行生产。三班制又有：间断三班制，即工作日分早、中、晚三班生产，公休日停止生产，全体休息；连续三班制，即除了设备检修时间和法定节假日等时间外，其余时间全部分早、中、晚三班进行生产，工人的休息时间不一定是在公休日，而是轮流替休。

3) 四八交叉制。每天分四个班组织生产，每班工作 8h，上、下两班之间有 2h 交叉，在交叉时间内，两个班的工人共同生产。

四八交叉制的优点：

第一，提高了设备和工具的利用率，交接班时生产不会被中断；

第二，将笨重的或需要更多人完成的工作量安排在两班交叉作业时进行，可以减少劳动强度，有利于改善劳动条件；

第三，可以增强上、下班工人之间的团结协作关系，便于四八交叉制作业形式相互监督，互为对方创造条件；

第四，有利于班与班之间的工人相互学习，提高技术水产。

4）四班制。四班制也称四六制，即昼夜分四个班生产，每班工作6h。这种生产班制可以缩短劳动时间，减小劳动强度，工人有充分的时间维修设备和学习文化知识。四班制目前主要用于劳动强度大、劳动条件差、技术要求高的工作。

组织多班制生产时要特别注意以下几个问题：

第一，要妥善解决工人的休息与工作时间；

第二，要合理配备各班次的工人，使各班的技术力量和人数保持平衡，同时注意调配有的工种为某些班处理特殊工作；

第三，要为各班生产做好准备服务工作，调度要严密，特别要加强夜班生产的管理；

第四，每个班都应建立行之有效的岗位责任制，加强各班工人的工作责任心。

第五，建立交接班制度，多班制的交接工作尤为重要。

4.2.3　工作时间的组织形式

工作时间组织是指合理处理工人的工作与休息、机械设备的运转与检修之间的关系而形成的、以生产班制为基础的组织形式。其具体形式有以下几方面。

4.2.3.1　连续工作制与间断工作制

（1）连续工作制。连续工作制又可分为年度连续工作制和昼夜连续工作制。

年度连续工作制，即在一个年度中，除法定节假日和设备检修日停产外，其余的日历时间每天都生产。具体计算方法是扣除7天节假日，其余358天都是工作日。

昼夜连续工作制，即在一昼夜内连续进行生产。具体工作中是一天24h内分班接替连续生产。

（2）间断工作制。间断工作制又可分为年度间断工作制和昼夜间断工作制。年度间断工作制，即在一个年度中，不仅法定节假日和设备检修日要停止生产，而且每个星期日都停止生产，也就是扣除7天节假日和52个星期日，其余306天为工作日。

昼夜间断工作制，即在一个昼夜内只有一个班或两个班进行生产，其余两个班或一个班停止生产。

把连续工作制和间断工作制结合起来可以形成几种工作时间组织形式，如年度连续昼夜连续工作制、年度间断昼夜连续工作制、年度间断昼夜间断工作制、年度连续昼夜间断工作制。煤炭企业区（队）多采用第一种形式。

4.2.3.2　连续生产工人的轮休与倒班制

实行连续生产工作制，应考虑工人的轮休和工人轮换休息的安排，即如何倒班的问题。

轮休与倒班的组织原则有以下几点：

第一，均匀分配工人的工作时间和休息时间，保证工作地每班有足够数量和技术力量的工人。同时，工人每天的劳动时间和休息时间符合国家有关规定；

第二，应使早、中、夜班出勤的工人定期倒换班次，倒换间隔时间不宜过短，也不宜过长，一周或 10d 内倒换一次比较合适；

第三，倒班时应保证工作地工作的正常进行，同时保证工人在倒班时有足够的休息时间。

（1）倒班的基本形式。多班连续生产的倒班有正倒班和反倒班两种形式。

正倒班是按照班次的自然顺序，依次早班倒中班，中班倒夜班，夜班倒早班，如表 4-1 所示。

反倒班又称逆倒班，是按照逆班次的自然顺序，依次早班倒夜班，夜班倒中班，中班倒早班，一般也是一周倒一次，如表 4-2 所示。

表 4-1　连续三班制正倒班表

班次 班名 周次	1	2	3	4
早	甲	丙	乙	甲
中	乙	甲	丙	乙
夜	丙	乙	甲	丙

表 4-2　连续三班制反倒班表

班次 班名 周次	1	2	3	4
早	甲	乙	丙	甲
中	乙	丙	甲	乙
夜	丙	甲	乙	丙

正倒班出现的连班现象，反倒班出现的紧班现象，都不利于工人的充分休息。在实际工作中，应把倒班和轮休结合起来，以保证工人有足够的休息时间。

（2）轮休制。为了保证实现每个工人每周工作 5 天、休息 2 天的工作制度，必须在组织倒班的基础上安排工人轮休。工人的休息和倒班的组织工作比较复杂，轮休与倒班制的形式很多，主要形式有以下几种：

1）三班轮休制。这种倒班轮休方法是组织三个固定班，每个轮班里都配备替休组或替休人员，工人工作 5 个工作日休息 2 天，替休组（人）按照 5:2 的比例配备，即 5 个工作组（工人）能够进行的工作配备 7 个工作组（人），其中每天都有 2 个工作组（人）轮休。这种组织形式适用于反倒班制。

优点是班内人员固定，便于管理。缺点是早班倒夜班，中班倒早班，中间只隔 8h，休息时间不充足。

2）三班半轮休制。这种组织形式也称 7 组 5 日轮休制，3 个固定轮班内不配备替休人员，而另配半个班来进行替换轮休，替休人员也是按照 5:2 的比例配备，每天有半个班的工人轮休，实行三班半轮休制。通常将 3 个固定班的每班分成两组，加上替休半班为一组，共为 7 组，每个组都是工作 5 天休息 2 天，倒的时间都在轮休日后，保证工人得到充分的休息。这种形式也是 21 天一个循环。其优点是每组工人都有充足的休息时间。缺点是每个轮班不是由固定的两个小组组成的，工人不能固定在一个班，给管理工作带来不便。

3）四班三运转制。这种轮休制是将工人组成四个班，实行早、中、晚三班轮流生产，一个班轮休。

四班三运转制具有轮休组织灵活的优点，可以根据区（队）的生产特点，将工作时间和休息时间进行合理组合，形成不同的轮休制度形式，仍是三班工作，一班休息。

除轮休组织灵活以外，四班三运转制还具有以下优点：

第一，倒班方法合理，给工人提供了更多、更集中的休息时间。倒班顺序规律，连续夜班时间短或夜班后休息充分；

第二，一线生产工人增加，有利于提高劳动生产率，也改变了一线、二线工人结构不合理现象；

第三，不存在班内工人轮休问题，班内人员固定，便于管理；

第四，工人有更多的时间从事政治、文化、技术的学习；

第五，由于连续休息时间长，减少了工人请假现象，提高了出勤率。

4）"四六制"轮休制。"四六制"轮休制采取 5 个固定班，每天 4 个班生产，每班工作 6h，5 个班轮班生产。

5）正倒班个人轮休制。这种倒班轮休方法是 10 天一倒班，倒班时准备班后停产一个小班，进行设备维修。每个工人工作 8 天轮休一天。由于倒班时工作面停产一小班，所以当 3 班倒 1 班时，不会出现连勤现象，不打乱工作面的循环秩序。

区（队）要合理地设计轮休制表，应考虑以下要素：

第一，正倒班和反倒班决定了各班的工作时间顺序；

第二，工作班制决定了将昼夜 24h 分解为多少个班次来完成每天的生产任务；

第三，工作天数和休息天数决定了班次从上一班替换到下一班的循环周期。

利用这三方面的要素，再考虑工作地生产特点的要求，便可设计出合理的工作时间组织形式。

4.3 工作地组织

工作地点是工人进行劳动的场所，它占有一定的生产面积，配备一定数量的设备和劳动工具，并适量堆放一些原材料、辅助材料、防护器材。在一个工作地既有个人完成的工作，也有集体协作共同完成的工作。为了保证生产任务和各项技术经济指标的顺利完成，提高劳动生产率，保障工人在劳动过程中的安全和身心健康，必须合理地进行工作地点的组织工作。

4.3.1 工作地组织的基本内容和要求

正确地组织工作地是在空间上进行分工与协作的一个组成部分。工作地组织的基本内容包括：正确地布置工作地，符合生产工艺和工人操作顺序；建立良好的工作秩序和保持良好的工作环境，使工作地整齐划一，井然有序；组织做好工作地的供应服务工作，保证生产连续不断地进行。

合理组织工作地的几点要求：

（1）工作地的组织有利于工人进行生产劳动，减少或消除多余、笨重的操作，减少体力消耗，缩短辅助作业时间；

（2）应有利于充分发挥工作地的装备以及辅助器具的效能，尽量节约空间，减少占地面积；

（3）要有利于工人的身心健康，使工人在良好的劳动条件下和工作环境下工作，防止职业病，避免各种设备或人身事故。

4.3.2 工作地的布置

区（队）工作地的布置包括两个内容：一是正确地配置工作场地，二是根据装备的工作空间合理地进行布置。

（1）工作地装备的合理配置。区（队）工作地装备配置一般是按设计生产能力和工艺专业化程度来进行的，工作地装备可以分为两类：一类是生产性的装备，如采煤机、掘进机、支架等，以及一些通用的工具、器具；另一类是组织性的装备，如运输工具、通讯设备等。

工作地装备的配置应从区（队）生产的实际情况出发，尽量选择配置结构紧凑、使用方便、操作简便、占地面积小、坚固耐用的生产设备和工具、器具。

（2）工作地的合理布置。工作地的布置是根据组织工作地的基本要求，在合理配置装备的基础上，详尽地规定所有装备的位置，并按绘制设计好的装备布置图布置。

实行工作地合理布置，应注意以下几方面的问题：

1）机器设备的布置，要考虑工人操作方便，以提高机器设备利用率；

2）要考虑充分利用工时和节省人力，操作过程和工人移动线路按规范化程序进行；

3）必须符合安全技术的要求；

4）生产所需的一切工具、材料要固定存放地点，减少工人寻找时间，存放点距工作地点要近，尽可能缩短工人行走时间。

除此之外，要治理好工作地"松、脏、乱、差"现象，并把这项工作与整顿生产秩序、提高产品质量、降低消耗和安全教育结合起来进行。

4.3.3 工作地的秩序和环境

维护和保持工作地的正常秩序和良好工作环境是工作地合理组织的一项重要内容，搞好这项工作，有利于高效、文明组织生产，使工人感到舒适、轻松、安全、有序，具体工作内容包括：保持工作地点整洁卫生：设备、工具、材料要安放整齐，既便于使用存放，又不妨碍工人工作，也不影响正常通风；保持轨道、人行道畅通无阻；保持设备、工具经常处于良好状态；有良好的通风、防尘、灭火、防水措施；有必要的劳动保护用品；有充足的灯光，有条件的工作地可用各种彩色灯光显示信号等。

4.3.4 工作地的供应和服务工作

做好工作地的供应、服务工作，是保证生产正常进行的必要条件之一。其主要工作内容包括：（1）工作地所需的坑木、金属支架、背板金属网、火药雷管等按量及时供应，按指定地点码放整齐，交接清楚，手续简便；（2）及时指导工人按技术规程操作，及时解决操作中出现的问题，纠正不正常的操作方法，推广先进的操作经验；（3）及时检验工序和产品质量以及工程安装质量，进行现场质量分析，开展全面质量管理；（4）及时做好设备的检修、更换，及时排除故障；（5）保证工人安全，准时上、下班，保证工人班中餐吃到热饭和喝到清洁卫生的热开水。

4.4　采掘现场管理

采掘工作面除对劳动组织进行合理地设计（合理确定定员、配备劳动力）、布置工作地、确定作业班制和轮班制外，为使劳动组织正常进行，生产保持均衡、连续，还要加强对劳动组织的现场管理，现场管理的具体内容有：

（1）开好班前会。班前会的主要内容是，简要总结前一天（班）完成任务情况、工人表现情况、存在的问题和先进的事迹，安排当班的安全生产任务，调配人员并落实到人。

（2）组织按时开工。各班都要有一名班长提前下井，提前交接班，组织按时开工。班长要充分发挥生产组长和工管员的作用，加强生产班现场指挥，缩短交接班时间。

（3）坚持现场交接班。健全交接班手续，要求做到事故不处理好不交接，质量不合格不交接，按规定不给下班做好准备不交接。交接班制是衔接生产、保证安全、分清班次责任的一种制度，是关系到各班协调、区队生产能否正常进行的关键。正确执行交接班制，可为考核各班生产状况和改善生产管理提供依据，对影响下班工作的班组区（队）要追究班组长的责任。

（4）提高工时利用率。现场管理任务有两项：一是保证产量、质量和安全，二是要求用最少的人员和设备进行生产。因此，区（队）长、班长应根据现场情况，研究制定一系列技术组织措施，善于管理和指导下属人员，尽量清除额外工作和停工时间损失。为了避免工作面个别工序影响生产，应按工作面具体情况和出勤人员情况合理分工，对困难较多的工作面要安排技术熟练的工人作业。要不断地检查工作面各道工序的进度情况，发现问题及时处理，分析原因，提出今后改进的方案。

（5）严格按照循环图表进行管理。要经常检查作业情况是否按正规循环图表和规定进行生产，如果不符合要求应及时加以改正，确保正规循环的完成，并对各班各工种完成循环内工作情况及时、全面地记录统计，以便考核。

（6）经常检查作业环境的安全情况。区（队）、班（组）应时刻注意现场通风、瓦斯、煤尘、水、火、火药、雷管、工作质量、顶板管理、设备安全运转等方面出现的不安全因素，及时向有关人员和部门汇报，说明事件的时间、地点、事情经过、当事人证词等，并采取措施迅速处理。

加强自检、互检、专检和首检、中检、尾检工作，即对自己的工作按规定标准进行检查；工种之间、工人之间、班与班之间相互检查；区（队）设置专门人员定时、定点、定内容地进行检查；开班时进行检查；班中进行检查；收班时进行检查。同时，区（队）长要进行巡检和把关检查，把质量不合格的现象消灭在生产过程中。如综采工作面的质量检查，要做到"三直三平一净两畅通"，即支架直、煤壁直、运输机直；顶板平、底板平、运输机平；无杂物和浮煤；上出口畅通、下出口畅通。

（7）工作面异常情况处理。对现场能够采取措施的，应立即按照有关要求进行处理，现场处理不了的应立即上报请求采取措施，同时安排工人做其他工作。检查处理结果，调查异常情况的原因是否已消除、情况是否已恢复正常，分析再次发生异常的可能性。

（8）确切掌握当班实际出勤人员数及定额完成情况。平时应做好出勤人员的统计工作及每人在当班工作量的完成情况。每次下班 2h 内，如果发现有人尚未出井，要及时报告矿井调度室，立即派人员查明原因。

（9）坚持"三汇报一见面"制度。每天接班后，班长应向区（队）长、矿值班人员汇报一次工作面的现状和上班交接情况；在班中汇报一次前半班的生产、安全情况；临交班时还要汇报一次生产、安全情况和工作面存在的问题以及要求下一班携带的备品备件；出井后，班长还要与区（队）长和值班人员见面，具体研究和处理生产中的问题。这样可以使区（队）和矿领导掌握工作面情况，针对问题及时采取措施，促进各班之间的互相协作。

复习思考题

（1）区（队）劳动组织的概念。区（队）劳动组织的主要内容。
（2）简述劳动组织的形式。
（3）班组劳动组织、生产班制劳动组织及工作时间组织各自的具体表现形式是什么？
（4）劳动力配备时应注意的问题。
（5）采掘现场管理的具体内容。

5 生 产 计 划

生产计划是区（队）生产管理的重要组成部分。

区（队）计划的编制原则主要是：首先要坚持需要与可能相结合，既要考虑矿井对本区（队）生产任务的需要，又要考虑采区生产能力和各种客观条件的可能，做到既先进又可靠，积极创造条件满足矿井生产的需要；其次，要坚持当前和长远相结合，搞好采掘衔接，并做好各方面的综合平衡，做到持续、稳定、协调发展，防止生产有大的波动；再次，要坚持以提高经济效益为中心，力争用较少的人力、物力和财力的投入，获得较大的产出，多出煤、出好煤。

采区生产计划包括年度计划、季度计划和月生产作业计划。内容包括原煤产量和开拓掘进进尺计划，采掘衔接和采掘机械化计划，煤质、劳动生产率、主要材料消耗、直接成本等技术经济指标的安排。

生产计划的组成包括计划表格、计划图和文字说明三部分。其中计划表格是反映各项计划指标安排情况及数量关系的表格；计划图是计划文件的重要组成部分，它能够比较全面和直观的反映所采区域煤层的开采条件、采掘工作面位置等，是制订生产计划的依据；文字说明是用文字对计划表格和计划图未能表达清楚的内容做出的补充说明。

井下区（队）要推行的全面计划管理，即包括区（队）和班组的全系统计划管理，生产活动各工序的全生产过程计划管理，计划工作从编制、执行到控制的全过程管理，全员参与计划编制和执行的管理和以经济效益为中心的各项技术经济指标的全面计划管理。

5.1　采区年度生产计划

年度生产计划是采区职工年度生产的奋斗目标，也是编制月作业计划的依据。

5.1.1　采区编制年度生产计划的依据

（1）采区生产能力与区域生产能力、矿井生产能力之间的综合平衡。

采区年度产煤任务的确定，首先取决于采区的综合生产能力，而采区综合生产能力又由采区内各采掘工作面的生产能力、采区集中运输巷和上（下）山运输能力、采区车场运煤能力、采区通风能力等采区生产环节的生产能力综合平衡后确定。采区是矿井某一生产区域的组成部分，因此，采区的生产能力能否被充分利用，又受采区所在区域和矿井各生产环节生产能力的制约。

确定采区、区域和矿井生产系统的综合生产能力，可采用以下方法：

1）在同一生产系统中，属于并列进行的同类工艺过程或局部系统的能力，应按其合计数计算；

2）在同一生产系统中，属于顺序进行的各工艺过程的能力，应按其均能达到的能力计算；

3）要从小系统到大系统逐步寻找薄弱的区域和薄弱的生产环节；

4）确定综合生产能力，必须以积极平衡的方法，对薄弱环节进行分析和研究，制定有效的措施使其得到改善，在此基础上再确定综合生产能力。

（2）矿井对采区产煤任务、掘进进尺、采掘接替与煤炭质量指标、劳动生产率、采掘机械化程度、生产成本等的具体要求。

（3）采区在计划年度内的可采资源储量、三个煤量、煤层赋存条件、技术装备程度、技术水平、管理水平及职工素质等采区自身的具体情况。

（4）有关的煤炭工业技术政策和本局、本矿的有关规定。

（5）计划期前一年各项技术经济指标的计划完成情况和所作的总结分析，采区计划年度内生产条件及变化情况的预测。

5.1.2 采掘工程方案的编制

采掘工程方案是采区生产计划的重要组成部分。它不仅决定了采区计划年度的煤炭产品产量和巷道进尺的安排，而且决定和影响着其他生产技术经济指标数值的确定。年度生产计划中的采掘工程方案还与矿井的中、长期计划密切相关。

5.1.2.1 制定采掘工程方案的依据

（1）矿井对采区煤炭产量的控制指标、市场对矿井煤炭产量的需求以及煤炭订货合同的有关规定；

（2）煤炭工业技术政策有关采掘接替的条款；

（3）矿井中、长期计划，技术设计和采区设计；

（4）采区计划期采掘机械的装备情况；

（5）计划期上一年采掘关系的状况及计划期需做出调整的内容；

（6）计划期矿井各水平、各区域、各环节生产能力可达到的水平。

5.1.2.2 采掘接替工程排队应遵循的原则

煤炭工业技术政策规定：生产矿井要采掘并举，掘进先行，保持合理的采掘比例关系。矿井的三个煤量要达到国家的规定和本矿井规定的合理可采期标准。在进行采掘接替工程排队时应遵循如下原则：

（1）严格遵守合理的开采顺序；

（2）组织水平、采区和工作面的合理集中生产；

（3）在不同煤层的搭配开采上，要搞好厚薄煤层搭配、煤质好坏搭配、各种机械化采煤产量的搭配，以及大小工作面的搭配等。要尽可能地错开各工作面接替时间，要考虑区（队）在组织管理方面以及采掘设备在搬家倒面方面的方便；

（4）应充分利用煤炭资源，从优选择采煤方法，合理布置巷道，减少煤柱损失，提高煤炭回收率；

（5）组织正规循环作业，提高机械化采掘程度，提高采掘工作面单产、单进；

（6）制定有效的水、火、瓦斯、煤尘、顶板等灾害的防范措施；

（7）注意老采区安排复采，尽可能地搞好老区储量挖潜。

5.1.2.3 采掘接替工程排队的顺序

采掘接续工程按排队的顺序一般有三种形式：

（1）开拓──→掘进──→回采。这种方式一般适用于采掘衔接紧张、以掘定采的矿井。

（2）回采──→掘进──→开拓。这种顺序方式较适用于采掘关系比较正常的矿井。

（3）

这种方式先安排回采，然后根据回采的需要同时考虑掘进和开拓工程的接续。这就要求开拓、掘进密切配合、共同协调。这种顺序的安排相对省时，对于回采、掘进及开拓工程量较大的大中型矿井较为实用，也是最为通用的一种方式。

5.1.3 回采计划的编制

现以某采区为例，说明生产计划的编制方法。

5.1.3.1 采区生产条件

该采煤区有 3 个采煤队，计划年度在一水平南翼第四石门采区进行开采。根据该区域储量分布情况和开采顺序，2010 年矿给采区的原煤产量任务为 100 万吨。采区内各生产环节基本上能够满足生产 110 万吨原煤的需要。计划安排 3 个回采队进行回采生产，一个综采工作面、一个高档普采工作面和一个炮采工作面同时开采；计划安排一个有两个掘进队的掘进区进行掘进作业，为第四采煤区做准备。由于一水平第四采区没有开拓、准备巷道的掘进任务，回采巷道的掘进工程量也比较小，全部采用炮掘即可满足掘进速度需要。该采区内有 5 煤层、9 煤层、11 煤层、12 煤层 4 个可采煤层。12 煤层上山以南煤厚超过 4m，分两层开采，上分层已采完，现正采下分层，上山以北煤厚约 3m，可一次采全高。根据历史统计资料提供的经验数据，采区回采产量可达 95 万吨/年以上，加上掘进出煤，可以完成产量任务。

5.1.3.2 计划期初第四采区情况及有关计划控制指标

（1）计划期初第四采区可采煤层情况，如表 5-1 所示。

表 5-1 2010 年初南翼第四采区可采煤层情况

煤层	实际可采储量 /万吨	储量所占比重 /%	灰分/%	适于开采条件	煤层厚度 /m
5	62.1	7.91	45.40	普机采	1.6 ~ 2.2
9	124.5	15.86	29.28	炮采	1.2 ~ 2.5
11	97.8	12.46	39.54	炮 采	1.1 ~ 2.2
12	500.6	63.77	27.54	综采	3.0 ~ 4.2
合计	785.0	100.00			

（2）计划控制指标对第四采区的要求是回采产量 95 万吨，掘进出煤 5 万吨左右，原煤灰分 30%。

（3）根据机械化装备及劳动组织情况，计划期采区内布置一条综采生产线、一条普采生产线和一条炮采生产线同时作业，由 3 个采煤队负责。

（4）计划期各月的工作天数，如表 5-2 所示。

表 5-2　2010 年工作日历表

项目 \ 月份	1	2	3	4	5	6	7	8	9	10	11	12	全年
日历日数	31	28	31	30	31	30	31	31	30	31	30	31	365
节假日数	1	0	0	1	3	0	0	0	1	3	0	0	9
计划工作日	30	28	31	29	28	30	31	31	29	28	30	31	356

注：本表法定节假日数为当时规定，现在有所变化。

（5）初期在采工作面、备用工作面和待形成工作面的情况是，2009 年底在采工作面有：1497N（炮采），尚有残余走向 180m；1421S（高档），尚有残余走向 46m。此外，1423S 面正在安装高档机组，走向 60m；1423N 面已装备综采机组，走向 1000m，1497S 面切割眼 90m 时由于受矿压影响冒落严重，需作 1 个月的维修。

第四采区计划期内的各可采煤层的采掘工作面情况，如图 5-1 所示（图上的计划安排后叙）。图 5-1 中工作面虚线代表计划掘进巷道。

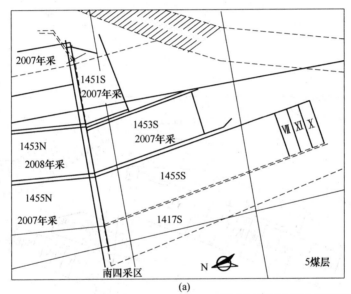

(a)

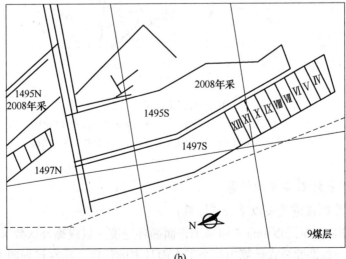

(b)

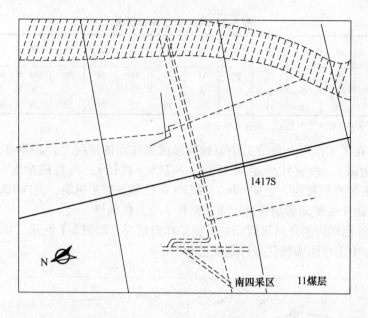

(c)

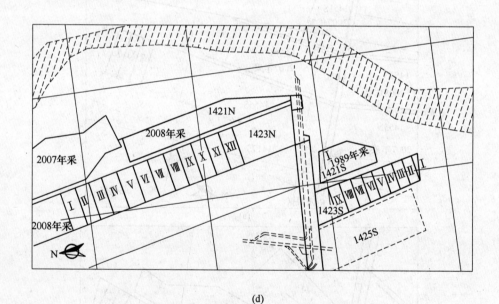

(d)

图 5-1   2010 年第四采区采掘工程计划图

（a）5 层煤层采掘工程计划图；（b）9 层煤层采掘工程计划图；

（c）11 层煤层采掘工程计划图；（d）12 层煤层采掘工程计划图

5.1.3.3   回采计划指标的计算

（1）回采工作面推进度按以下公式计算：

回采工作面日推进度（m）= 回采工作面循环进度 × 昼夜循环次数 × 循环率

安排计划时，根据此公式计算出每个工作面月末的位置，标在计划图上。

（2）回采工作面平均总长度按以下公式计算：

$$采区回采工作面平均总长度（m）= \frac{\sum（各工作面平均长度×该工作面回采日数）}{\sum 各工作面回采日数}$$

（3）煤层生产能力按以下公式计算：

$$计划煤层生产能力（t/m^2）= 采高 × 煤的容重 × 回采率$$

5.1.3.4　回采衔接的安排

由于计划期采区产量计划控制指标较高，应充分利用机采设备。计划期开采区域内 11 煤层厚度小于 0.6m，不可采。安排计划时，应考虑对上期未采完的工作面进行续采，并在各种搭配兼顾的基础上，将已准备好的回采工作面投入开采，然后考虑其他工作面的年内接续。

根据储量的分布比重和灰分配采的要求，应重点安排 12 煤层开采，比重在 60% 以上。由于计划期 11 煤层停采，按照矿对各采区采掘工作面的统一安排，适当地加大 12 煤层的开采比重。

计划期开始后，采一队在 1421S 面的高档机组继续开采，该面可采 26d，与其相邻的 1423S 面高档机组已安装完毕，可接替 1421S 工作面。由于在上一年对该面风巷和运输巷掘进过程中，发现沿走向的最后 50～60m 一段煤层变薄，夹石增厚。因此，安排该工作面开采，应考虑最后 60m 走向的遗弃，1423S 面大约可采 8 个月。后 3 个月，采一队可转移到 5 煤层 1455S 面生产。1455S 面尚有一些掘进工程和机组安装工作，回采在 10 月份开始。

综采生产线在已安装设备的 1423N 面。该面平均采高为 3.2m，走向 1000m，安排力量较强的采三队全年生产。

采二队头 3 个月在 2009 年底在采的炮采面 1497N 生产，然后由 1497S 面接替。该面走向长 1000m，可跨年度开采。采二队倒面时，1497S 面的切割眼巷修和其他准备工作已经完成。衔接方案如表 5-3、表 5-4 所示。

表 5-3　某矿四采区 2010 年回采计划衔接表（一）

工作面名称	采煤方法	回采工艺	循环进度/m	昼夜循环次数	循环率	计划日进/m	残余走向/m	工作面长度/m	采高/m	容重/t·m⁻³	回采率/%	计划回采天数
1421S	单一长壁	高档	0.6	3	0.93	1.67	46	125	2.2	1.6	0.95	26
1423S			0.6	3	0.92	1.65	460	120	2.0	1.6	0.95	242
1455S			0.6	3	0.95	1.71	900	130	2.0	1.6	0.95	90
1497N	单一长壁	炮采	1.8	1	0.96	1.73	160	40	2.2	1.6	0.95	86
1497S			1.8	1	0.90	1.62	1000	90	2.2	1.6	0.95	272
1423N	单一长壁	综机	0.6	5	0.88	2.64	1000	130	3.2	1.6	0.93	356
合计/t												

表 5-4　某矿四采区 2010 年回采计划衔接表（二）

工作面名称	1月(30)	2月(28)	3月(31)	4月(29)	5月(28)	6月(30)	7月(31)	8月(31)	9月(29)	10月(28)	11月(30)	12月(31)	全年(356)
1421S													18200
1423S													145200
1455S													60750
采一 小计	687	600	600	600	600	600	600	600	600	675	675	675	224150
1497N													19780
1497S													132736
采二 小计	230	230	230	488	488	488	488	488	488	488	488	488	152516
1423N													584972
采三 小计	1634	1634	1634	1634	1634	1634	1634	1634	1634	1634	1634	1634	584972
合计/t	2464	2464	2722	2722	2722	2722	2722	2722	2722	2722	2722	2722	961638

回采衔接草案中，回采产量 961638t，5 煤层开采比重占 6.32%，9 煤层开采比重占 15.86%，12 煤层开采比重占 77.82%。回采煤炭灰分为 28.94%。回采衔接基本可满足控制指标的要求。

5.1.3.5　回采产量年度计划的安排

根据回采衔接安排和回采指标的计算公式，对计划年度各采煤队各月、季及全年的回采工作面生产指标进行计算，即形成计划年度第四采煤区的回采计划，如表 5-5 所示。

表 5-5 中的回采工作面指标月、季、年的采区合计数的计算方法为：

$$回采产量 = \sum 各采煤队回采产量$$

$$平均日产 = \sum 各采煤队平均日产$$

$$回采面积 = \sum 各采煤队回采面积$$

$$回采工作面平均总长度 = \sum 各采煤队回采工作面平均长度$$

$$煤层生产能力 = \frac{\sum 各采煤队回采产量}{\sum 各采煤队回采面积}$$

$$回采工作面平均进度 = \frac{\sum 各采煤队回采面积}{\sum 各采煤队回采工作面平均长度}$$

表 5-5 某矿第四采区 2010 年回采计划

队名	指标	一季度				二季度				三季度				四季度				全年
		一月	二月	三月	小计	四月	五月	六月	小计	七月	八月	九月	小计	十月	十一月	十二月	小计	
采煤一队	工作面平均长度/m	124.36	120.00	120.00	121.53	120.00	120.00	120.00	120.00	120.00	120.00	120.00	120.00	130.00	130.00	130.00	130.00	122.94
	工作面平均进度/m	50.5	41.3	51.2	143.0	49.5	49.5	49.5	148.5	51.2	51.2	49.5	151.9	49.6	51.3	53.0	153.9	597.3
	回采面积/m²	6279.5	4956	6144	17379.5	5940	5940	5940	17820	6144	6144	5940	18228	6448	6669	6890	20007	73434.5
	煤层生产能力/t·m⁻²	3.281	3.027	3.027	3.119	3.030	3.030	3.030	3.030	3.027	3.027	3.030	3.028	3.036	3.036	3.037	3.036	3.052
	回采产量/t	20600	15000	18600	64210	18000	18000	18000	64000	18600	18600	18000	55200	19575	20250	20925	60750	224150
	平均日产量/t	687	600	600	630	600	600	600	600	600	600	600	600	675	675	675	675	626
采煤二队	工作面平均长度/m	40	40	40	40	90	90	90	90	90	90	90	90	90	90	90	90	77.37
	工作面平均进度/m	51.9	43.3	53.7	148.9	48.6	48.6	48.6	145.8	50.2	50.2	48.6	149.0	47.0	48.6	50.2	145.8	589.5
	回采面积/m²	2076	1732	2148	5956	4374	4374	4374	13122	4518	4518	4374	13410	4230	4374	4518	13122	45610
	煤层生产能力/t·m⁻²	3.324	3.320	3.320	3.321	3.347	3.347	3.347	3.347	3.348	3.348	3.347	3.348	3.347	3.347	3.348	3.347	3.344
	回采产量/t	6900	5750	7130	19780	14640	14640	14640	43920	15128	15128	14640	44896	14152	14640	15128	43920	152516
	平均日产量/t	230	230	230	230	488	488	488	488	488	488	488	488	488	488	488	488	426
采煤三队	工作面平均长度/m	130	130	130	130	130	130	130	130	130	130	130	130	130	130	130	130	130
	工作面平均进度/m	79.2	66.0	81.8	227.0	79.2	79.2	79.2	237.6	81.8	81.8	79.2	242.8	76.6	79.2	81.8	237.6	945.0
	回采面积/m²	10296	8580	10634	29510	10296	10296	10296	30888	10634	10634	10296	31564	9958	10296	10634	30888	122850
	煤层生产能力/t·m⁻²	4.761	4.761	4.763	4.762	4.761	4.761	4.761	4.761	4.763	4.763	4.761	4.763	4.759	4.761	4.763	4.761	4.762
	回采产量/t	49020	40850	50654	140524	49020	49020	49020	147060	50654	50654	49020	150328	47386	49020	50654	147060	584972
	平均日产量/t	1634	1634	1634	1634	1634	1634	1634	1634	1634	1634	1634	1634	1634	1634	1634	1634	1634
第四采区合计	工作面平均长度/m	294.35	290.00	290.00	291.53	340.00	340.00	340.00	340.00	340.00	340.00	340.00	340.00	350.00	350.00	350.00	350.00	330.31
	工作面平均进度/m	63.4	52.7	65.2	181.3	60.6	60.6	60.6	181.8	62.6	62.6	60.6	185.8	59.0	61.0	63.0	183.0	732.3
	回采面积/m²	18651.5	15268	18926	52845.5	20610	20610	20610	61830	21286	21286	20610	63182	20636	21339	22042	64017	241874.5
	煤层生产能力/t·m⁻²	4.103	4.035	4.036	4.059	3.962	3.962	3.962	3.962	3.964	3.964	3.962	3.964	3.931	3.932	3.934	3.932	3.976
	回采产量/t	76521	61600	76384	214504	81660	81660	81660	244980	84382	84382	81660	250424	81113	83910	86707	251730	961638
	平均日产量/t	2551	2464	2464	2494	2722	2722	2722	2722	2722	2722	2722	2722	2797	2797	2797	2797	2686

5.1.4　掘进计划的编制

在回采衔接的安排基础上,对掘进计划进行安排。计划 1 个有 2 个掘进队的掘进区为第四采煤区的工作面接续作准备。根据矿井中、长期计划和第四采区的现实情况,开拓工程已全部完成,计划年度的掘进任务主要是采区巷道掘进。如果采区内有开拓、准备巷道掘进任务时,掘进计划应视三量可采期状况统筹安排。

该区域掘进的巷道断面一般为 $7.0 \sim 10.4 m^2$,岩巷月进 50m,半煤岩巷月进 100m,煤巷月进 150m。

5.1.4.1　掘进工作面衔接的安排

掘进工作面衔接的安排应以保证回采工作面计划年度内正常接续为前提,同时还要注意确保采区的稳产,为下一年回采工作面的按时接续创造条件。从回采工程衔接表和计划图可以看出,需要为当年回采接续作准备的工程包括:1497S 面的 90m 切割眼维修,1455S 运输巷 900m、切割眼 150m 的掘进工程量。此外,还要为下一年中的回采接替作准备,安排 1457S,1417S 和 1425S 3 个回采工作面的巷道掘进,以按时形成回采煤量。进尺安排及巷道情况如表 5-6 所示。

5.1.4.2　掘进工作面主要指标的计算

该掘进区 2010 年掘进工作面主要指标计划,如表 5-7 所示。

表 5-7 中部分指标的计算方法为:

(1)掘进工作面出煤量(t)=掘进工作面的煤层断面（m^2）× 巷道进尺（m）× 煤的容重(t/m^3)

(2)平均月进度$[m/(个 \cdot 月)] = \dfrac{月掘进总进尺（m/月）}{月平均掘进工作面个数（个）}$

(3)累计平均月进度$[m/(个 \cdot 月)] = \dfrac{累计掘进进尺（m）}{各月的平均个数之和（个）}$

5.1.5　采掘计划产量的汇总和各项指标的测算

对回采产量计划和掘进出煤量计划进行综合,检查本计划所安排的原煤产量和灰分指标是否与计划控制指标平衡,并列表进行计算和汇总,即得到产量计划汇总表,如表 5-8 所示。其中原煤灰分的合计数采用加权平均方法计算。

由表 5-8 中可以看出,计划原煤产量 100.3494 万吨,大于 100 万吨的控制数;计划原煤灰分 29.31%,控制在 30.00% 以内,按储量比重,各煤层搭配得较合理。

此外,还应根据采掘工作面的计划安排,按规定公式(不同采煤方法、支护形式、使用机械等)计算出回采,掘进机械化和装载机械化程度,采区坑木、火药、雷管等材料消耗,回采、掘进工效率,采区直接成本等指标。

表 5-6 某矿某掘进区 2010 年掘进计划衔接表

掘进工作面名称	工程名称	总工程量/m	巷道煤岩别	巷道类别	支护形式	巷道规格/m²	施工工艺	掘进煤/t	1月	2月	3月	4月	5月	6月	7月	8月	9月	10月	11月	12月	全年
															掘进进尺/m						
1455S	运输巷	900	煤巷	回采	全拱	7.0	炮掘	10080	150	150	150	150	150	150							900
1455S	切割眼	150	煤巷	回采	全拱	7.0	炮掘	1680							150						150
1457S	运输巷	900	煤巷	回采	全拱	7.0	炮掘	8400								150	150	150	150	150	750
掘一队小计								20160	150	150	150	150	150	150	150	150	150	150	150	150	1800
1497S	切割眼修理	非进尺90	煤巷	回采	全拱	10.4	炮掘	7488		150	150	150									450
1425S	运输巷	450	煤巷	回采	全拱	10.4	炮掘	7488					150	150	150						450
1425S	风巷	2×25	岩巷	回采	全拱	7.0	炮掘									50					50
1417S	运料井	400	煤巷	回采	全拱	7.0	炮掘	4480									150	150	100		400
1417S	运输巷	150	煤巷	回采	全拱	7.0	炮掘	1680											50	100	150
1425S	切割眼	50	煤巷	回采	全拱	7.0	炮掘	560												50	50
掘二队小计								21696		150	150	150	150	150	150	50	150	150	150	150	1550
全区合计								41856	150	300	300	300	300	300	300	200	300	300	300	300	3350

表 5-7 某矿某掘进区 2010 年掘进计划

队名	指标	一月	二月	三月	小计	四月	五月	六月	小计	七月	八月	九月	小计	十月	十一月	十二月	小计	全年
					一季度				二季度				三季度				四季度	
掘进一队	掘进总进尺/m	150.00	150.00	150.00	450.00	150.00	150.00	150.00	450.00	150.00	150.00	150.00	450.00	150.00	150.00	150.00	450.00	1800.00
	掘进出煤量/t	1680	1680	1680	5040	1680	1680	1680	5040	1680	1680	1680	5040	1680	1680	1680	5040	20160
	掘进工作面平均总个数/个	1.00	1.00	1.00	1.00	1.00	1.00	1.00	1.00	1.00	1.00	1.00	1.00	1.00	1.00	1.00	1.00	1.00
	掘进工作面平均进度/m·(个·月)⁻¹	150.00	150.00	150.00	150.00	150.00	150.00	150.00	150.00	150.00	150.00	150.00	150.00	150.00	150.00	150.00	150.00	150.00
掘进二队	掘进总进尺/m	0.00	150.00	150.00	300.00	150.00	150.00	150.00	450.00	150.00	50.00	150.00	350.00	150.00	150.00	150.00	450.00	1550.00
	掘进出煤量/t	0	2496	2496	4992	2496	2496	2496	7488	2496	0	1680	4176	1680	1680	1680	5040	21696
	掘进工作面平均总个数/个	1.00	1.00	1.00	1.00	1.00	1.00	1.00	1.00	1.00	1.00	1.00	1.00	1.00	1.00	1.00	1.00	1.00
	掘进工作面平均进度/m·(个·月)⁻¹	0.00	150.00	150.00	100.00	150.00	150.00	150.00	150.00	150.00	50.00	150.00	116.67	150.00	150.00	150.00	150.00	129.17
全区合计	掘进总进尺/m	150.00	300.00	300.00	750.00	300.00	300.00	300.00	900.00	300.00	200.00	300.00	800.00	300.00	300.00	300.00	900.00	3350.00
	掘进出煤量/t	1680	4176	4176	10032	4176	4176	4176	12528	4176	1680	3360	9216	3360	3360	3360	10080	41856
	掘进工作面平均总个数/个	2.00	2.00	2.00	2.00	2.00	2.00	2.00	2.00	2.00	2.00	2.00	2.00	2.00	2.00	2.00	2.00	2.00
	掘进工作面平均进度/m·(个·月)⁻¹	75.00	150.00	150.00	125.00	150.00	150.00	150.00	150.00	150.00	100.00	150.00	133.33	150.00	150.00	150.00	150.00	139.58

表 5-8　2010 年第四采区原煤产量计划平衡表

项目 煤层	年计划产量/t			灰分/%	灰分量/t
	回采产量	掘进产量	合　计		
5 煤层	60750	20720	81470	45.40	36987.38
9 煤层	152516	0	152516	29.28	44656.68
11 煤层	0	4480	4480	39.53	1770.94
12 煤层	748372	16656	765028	27.54	210688.71
合　计	961638	41856	1003494	29.31	294103.71

5.2　生产作业计划

生产作业计划是生产计划的具体执行计划。月生产作业计划的编制和执行是贯彻和落实年度生产计划的重要环节和方法，也是煤矿各生产区（队）和各生产服务部门组织日常生产活动的奋斗目标和依据。

年度生产计划虽然较为全面地确定了计划年度内的各项技术经济指标，具体确定了年度内所有采、掘、开工作面的地点和生产进度，对采掘衔接、厚薄煤层搭配、煤质好坏煤层搭配、机械化程度的平衡等做了详细的安排，对矿井的各生产环节各区域的生产能力和产、供、销等做了全面的平衡，并制定了相应的技术组织措施计划。但是由于煤矿生产复杂多变，在编制年度计划时，不可能预见到计划年度内的各种主客观条件的变化，更不可能对计划年度内生产活动的全部细节做出详尽具体的安排，因此，必须编制月度生产作业计划，根据当月的具体情况和条件及时协调和平衡各环节的能力和关系，调整年度计划规定的该月的生产任务和奋斗目标。因此，月度生产作业计划具有时间短、现实性强、计划准确可行的特点，是贯彻执行和实现年度计划的重要保证，也是组织日常生产和加强有效控制的重要依据。

5.2.1　月生产作业计划的编制依据

具体制定月生产作业计划时主要依据以下几个方面：

（1）年度和季度生产计划中规定的本月份应完成的生产任务；

（2）上级主管部门提出的新要求；

（3）各项主要技术经济指标至本月份为止的累计完成情况和年度指标在本年度剩余计划月份内应达到的水平；

（4）上月计划完成情况的预见和分析以及计划月度的现状分析；

（5）采掘接替计划和技术组织措施计划以及存在的生产薄弱环节；

（6）计划月份内计划采掘地区的详细地质构造、水文地质和煤层赋存条件以及过老巷、过老空等各种具体情况；

（7）新制定的作业规程、劳动定额、材料定额和其他费用定额；

（8）在计划月份内拟做试点和推广的先进技术和先进经验；

（9）工人群众对生产技术和管理的改进意见和合理化建议；

（10）有关生产会议的决定和各辅助生产部门、各职能科室提出的要求；

（11）其他影响生产计划安排的主客观因素。

5.2.2 月生产作业计划的内容

月生产作业计划的内容可依据各矿的生产经营特点和具体条件来确定，按时间、地点、单位把本月的生产经营活动和任务反映出来。做到简单、具体、明确、易懂、切实可行，容易被广大职工所接受，便于执行、检查和控制。和年度生产计划类似，月生产作业计划也由计划表、计划图和文字说明三部分组成。

5.2.2.1 计划表

计划表的种类和内容没有统一的规定，可根据各矿的具体情况和具体要求来决定，主要有以下几种计划：

（1）回采月作业计划，如表5-9所示；

（2）开拓掘进月作业计划，如表5-10所示；

（3）月份采掘接替计划，如表5-11所示；

（4）巷修月作业计划，如表5-12所示；

（5）机电设备检修月作业计划，如表5-13所示；

（6）月份技术组织措施计划，如表5-14所示；

（7）月份区（队）生产作业计划汇总表，如表5-15所示；

（8）月份生产经营作业计划，如表5-16所示。

5.2.2.2 计划图

月生产作业计划图是年度计划图在计划月份的具体补充、调整和完善。年计划图一般只反映年度计划期内各月份采掘工作面的位置、采煤面积、采掘进度和大的地质构造，而月计划图除反映计划月份和下一个月所有采掘工作面的采掘位置、采掘进度和采掘接替计划以外，还必须详细的反映计划月份内采掘面积中所有对生产有影响的构造和问题，包括所有的大小断层（断层的类型、走向、倾角、落差、错距等）、小褶曲、煤层倾角和厚度的变化、夹石层厚度和分布、顶底板和伪顶的岩性和厚度、火成岩侵入和陷落柱的位置、老巷和采空区的位置、各种安全煤柱的留设及水、火、瓦斯的威胁等。

5.2.2.3 文字说明

月生产作业计划具有较强的现实性，比较详细地考虑了各种因素的变化和应采取的措施。需要说明的问题比较多和具体，既有定量的问题，又有定性的措施，用计划表或计划图无法表示和难以表达清楚，这就需要用文字说明来表达。例如，对各生产环节应采取的措施、对具体地质变化和安全问题应采取的做法、提高劳动生产率和降低材料消耗的办法、提高设备完好率和开机率的具体措施、搞好生产的各种规章制度、各生产环节和职能部门应采取的措施和对任务的时间要求等。

5.2.3 月生产作业计划的编制方法和步骤

月生产作业计划的编制，是在生产矿长和总工程师的直接领导下，以计划和生产技术部门为主，由地质、测量、采煤、掘进、开拓、井下运输、通风、供电、机修、安全、质

表 5-9　x 月份回采作业计划

采区	采煤队	工作地点	日期		采煤方法	使用机械	采面长度	采高	进度/m			产量/t		材料消耗					劳力配备			灰分/%	回采率/%	直接成本/元·t⁻¹
			起	止					循环进度	日进度	月进度	日产	月产	坑木		炸药		……	在册人数/人	日出勤/工	效率/%			
														m³/t	m³/月	kg/t	kg/月							

表 5-10　x 月份掘进开拓作业计划

掘进区	掘进队	工作地点	巷道名称	日期		日数	煤岩别	巷道类别	断面/m²	施工方法	剩余掘进量/m	进度/m			产量/t		材料消耗					劳力配备			直接成本/元·t⁻¹
				起	止							循环进度	日进度	月进度	日产	月产	坑木		炸药		……	在册人数/人	日出勤工	效率/%	
																	m³/m	m³/月	kg/t	kg/月					

注: 1. 巷道类别是指巷道是开拓巷道，还是准备回采巷道，还是回采巷道; 2. 施工方法是指是炮掘，还是综掘等。

表 5-11　x 月份采掘接替作业计划

采区	采煤队	采面名称	月初生产工作面情况						接替工作面情况										
			剩余		采面长度/m	采高/m	日产量/t	预计结束日期	采面名称	走向/m	储量/t	月初剩余工程量/m					日进尺/m	预计掘完日期	预计安装日期	交付生产日期
			走向/m	储量/t								合计	机巷	风巷	切眼	其他				

表 5-12　x 月份巷修作业计划

区队名称	施工地点巷道名称	巷道类别	巷道断面/m²	支护形式	巷道维修	轨道维修		日期		材料消耗					日出勤工数	月出勤工数
					日进/m	日进/m	月进/m	起止	日数	坑木		炸药		……		
										/m³·d⁻¹	/m³·月⁻¹	/kg·d⁻¹	/kg·月⁻¹			

表5-13 x月份机电设备检修作业计划

设备名称	设备使用单位	检修单位	检修类别	检修内容	日期		材料消耗		日出勤工数	总工数（工）
					起止	天数				

注：检修类别是指是大修，还是中修、小修。

表5-14 x月份技术组织措施计划

措施项目	措施基本内容和要求	施工单位	完成日期	负责人

表5-15 x月份区（队）生产作业计划汇总表

项 目	单位	全 矿		其 中			
		年度指标	月作业计划	××区	××区	××区	××区
1. 原煤月产量	t						
其中：回采	t						
掘进	t						
其他	t						
2. 平均日产量	t/d						
3. 采煤机械化	%						
4. 块煤产量	t						
5. 洗精煤产量	t						
6. 掘进总进尺	m						
其中：开拓进尺	m						
准备进尺	m						
回采进尺	m						
7. 平均日进尺	m						
8. 巷修工程量	m						
9. 坑木消耗量	m^3						
万吨消耗	m^3/万吨						
10. 炸药消耗量	kg						
万吨消耗量	kg/万吨						
11. 雷管消耗量	个						
万吨消耗量	个/万吨						
12. 原煤灰分	%						
13. 原煤含矸率	%						
14. 全员效率	t/工						
15. 回采工效率	t/工						
16. 掘进工效率	m/工						

表 5-16　x 月份生产经营作业计划

项　目	单　位	年度指标	月作业计划
1. 原煤月产量	t		
平均日产量	t		
原煤灰分	%		
原煤含矸率	%		
2. 掘进总进尺	m		
平均日进尺	m		
其中开拓总进尺	m		
3. 采煤机械化	%		
4. 回采产量	t		
回采面平均个数	个		
回采面平均总长度	m		
回采面平均长度	m/个		
回采面平均进度	m/(个·月)		
回采面平均月产量	t/(个·月)		
5. 掘进工作面平均个数	个		
掘进工作面平均月进	m/(个·月)		
掘进机械化	%		
6. 洗精煤产量	t		
入洗原煤量	t		
精煤灰分	%		
精煤水分	%		
7. 全员效率	t/工		
回采工效率	t/工		
掘进工效率	m/工		
井下工效率	t/工		
8. 原煤总成本	元		
9. 原煤单位成本	元/t		
其中：材　料	元/t		
工　资	元/t		
电　力	元/t		
职工福利	元/t		
折　旧	元/t		
井巷工程基金	元/t		
大修理基金	元/t		
塌陷补偿费	元/t		
其他支出	元/t		
10. 洗煤单位成本	元/t		
11. 储备资金总数	元		
12. 流动资金总数	元		
13. 煤炭销售量	t		
销售总收入	元		
14. 利润总额	元		
其中：产品销售利润	元		
其他销售利润	元		
营业外收支净额	元		

量、物资供应、劳动工资、财务等直接生产、辅助生产和职能部门共同参加制定的。一般包括以下几个主要步骤：

（1）生产技术部门根据年度和季度计划对该月生产任务的要求和采掘工作面生产技术组织情况的现状，通过现场，摸底与各生产环节的平衡测算，于每月下旬初提出计划月份的采、掘、开工作面接替计划，计算回采产量和掘进产量、各类巷道的进尺，并提出为完成任务而应采取的技术组织措施；

（2）井下运输、通风、机电等部门根据采掘工作面接替计划，提出井下运输的调配计划、井下风量调节计划、运输通风巷道的维修计划和机电设备的检修计划；

（3）按照全面计划管理的精神和企业计划实行统一领导、分工负责、归口管理的原则，劳动工资、物资供应、煤质、财务等有关业务部门将本部门分管的指标层层分解落实到各生产区（队）和部门；

（4）计划部门根据采掘工作面的接替计划和各业务部门的指标分解，计算产量、进尺、煤质、劳动生产率、材料消耗、成本等各项技术经济指标，进行全面的综合分析与平衡，提出修改采掘工作面部署的意见；

（5）将采掘工作面接替计划与各项指标的分解测算下达到采煤、掘进、开拓、井下运输、通风、机电、地面洗选加工等基本生产区（队）与辅助生产区（队），发动基层单位和群众充分讨论；

（6）计划部门和生产技术部门汇集各方面的意见，反复分析与平衡，编制正式的月生产作业计划，经矿长和上级主管部门批准后贯彻执行。

5.2.4　月生产作业计划的贯彻

月生产作业计划经上级主管部门批准以后，各区（科）应迅速层层向下传达和贯彻，落实到全体职工中去，使区（队）中每个班组每个职工都了解本班组、本人在计划月份内所应完成的任务和所应承担的责任，以提高全体职工的主人翁责任感，从各个不同的岗位和角度来保证计划的完成。

5.2.4.1　月生产作业计划的贯彻方法

贯彻月生产作业计划有以下几种方法：

（1）在区（队）党、政、工、团等组织召开的月度工作会议上，向全体职工进行传达、贯彻和动员；

（2）通过区（队）内部的各种专业会议，如安全生产会议、质量会议、QC小组活动等贯彻落实有关任务；

（3）将各种非指标性的目标和任务，如技术攻关、岗位练兵、废旧物资回收、规章制度的执行等，分解落实到班组和个人，把自上而下的目标分解和自下而上的目标期望结合起来，确保目标的完成；

（4）发动班组和职工，在深入讨论的基础上，制定本班组和个人保证完成任务的措施。

5.2.4.2 月生产作业计划的主要贯彻内容

（1）贯彻计划要交形势、交任务。要向全体职工传达分析本局、本矿、本区（队）在本月份内生产的有利因素和不利因素，统一全体职工的思想认识，并把各项指标层层分解落实到班组和个人，发动群众为完成任务而努力；

（2）贯彻计划要交关键、交措施，要明确各个生产环节和各道工序应注意的关键。要充分利用有利条件，对不利因素和存在的问题要提出具体解决措施，做到有项目、有具体内容、有实现方法、有负责人、有完成日期和有检查方法，确保措施的实现；

（3）贯彻计划要与经济承包与奖惩制度相结合。经济承包的计件工资和奖金分配要和完成任务情况结合起来，要贯彻按劳取酬的分配原则，要加强政治思想工作，用精神激励和物质激励相结合的方法来调动职工完成计划任务的积极性。

5.2.5 月生产作业计划的组织实施与调整

5.2.5.1 月生产作业计划的组织实施

（1）区（队）各级管理人员和区（队）全体工人要把执行月生产作业计划规定的任务和进度作为日常生产活动的依据，切切实实地贯彻落实到日常生产行动中去。

（2）利用日生产作业计划和每班的班前会，按日按班地布置和控制计划进度。区（队）长要深入现场做到班班有区（队）长值班跟班，随时解决出现的问题。利用班后会检查当班的计划执行情况。

（3）利用各种图牌板，及时地向全区（队）职工公布计划的完成进度和完成情况。

（4）加强统计分析，及时公布计划期剩余日子里完成计划指标的具体要求。

（5）定期召开计划完成情况分析会，分析完成计划和没有完成计划的原因，采取措施，力争完成和超额完成计划。

（6）开展区（队）与区（队）、班组与班组、个人与个人之间的社会主义劳动竞赛和质量上等级安全创水平活动，鼓干劲、争上游，确保计划任务的完成。

5.2.5.2 月生产作业计划的调整

（1）月生产作业计划一经批准下达，一般不准调整，对遇到的各种困难应设法解决，以确保计划任务的完成。但由于煤矿井下生产复杂多变，如确因非区（队）人为的因素和因自然条件的重大变化而无法完成计划时，经矿有关业务主管部门审查，报矿长批准后可作局部的调整。

（2）要树立全局观点，对兄弟区（队）遇到困难不能完成计划而本区（队）又有超额完成计划的潜力时，要力争多超产，确保全矿月生产任务的完成。

5.2.6 日生产作业计划的编制和组织实现

日生产作业计划是月生产作业计划的具体执行计划，是生产调度部门的日常业务，由矿调度室统一掌握。一般是在日常生产调度会议的基础上，在调度室的组织下各区（队）长一起讨论研究，在每日第三班结束前几小时内编出次日的日计划。

日生产作业计划的内容比较简单，可根据具体情况来制定，灵活性大。主要是根据月生产作业计划规定的生产任务，在掌握和分析当天和预见第二天采掘工作面生产技术组织状况和各生产环节生产状况的基础上，按照采掘工作面循环图表、工作面接续图表、矿井运输调度图表、机电安装和检修图表等的要求，提出完成第二天采、掘、开工作面正规循环作业的具体措施和产量、进尺等的具体要求。

复习思考题

(1) 区（队）生产计划编制的原则是什么？

(2) 采区编制年度计划的依据有哪些？

(3) 月生产作业计划由哪几部分组成？

6 采掘工作面生产技术管理

采掘工作面生产技术管理是通过工作面作业规程、各工种安全技术操作规程体现的。采掘工作面作业规程具体规定了采掘全过程的工艺方法、循环方式、作业形式和劳动组织，反映了采掘工面作各工序的安排和配合，规定了必要的安全制度和安全技术措施，提出了应达到的技术经济指标。它是采掘工作面技术管理的基本法规文件，是指挥和组织安全生产、实现正规循环作业的依据。《煤矿生产技术管理基础工作的若干规定》中强调："采掘工作面开工前必须有批准的作业规程"，"采掘作业规程的劳动组织和循环作业图表，需要用先进的工艺流程，经过科学测定，采用合理的劳动定额进行编制，作业图表应随条件的变化及时修改，由矿总工程师审查批准后执行"。

采掘工种操作规程是根据《煤矿安全规程》和煤矿生产作业要求制定的岗位工作标准，它具体规定了各工种作业人员的工作职责和操作安全技术标准。加强对技术操作规程的编制与管理，提高作业人员的操作技术水平，是保证安全、有序、规范、高效生产的基础。

本章主要介绍采掘作业规程的编制与实施、采掘主要工种操作规程的编制与实施，以及特殊条件下安全技术措施的编制与实施。

6.1 采煤工作面作业规程的编制与实施

6.1.1 采煤工作面作业规程编制内容

采煤工作面作业规程是对工作面工艺过程及其组织的详细说明。一般应包括以下内容：

（1）概况。说明采煤工作面位置，开采范围，开采对相邻煤层、已采区和地面建筑物的影响情况。

（2）煤层赋存及地质情况。

1）煤层厚度、倾角、普氏系数、密度、品种、灰分，煤层结构与夹石层厚度，可采储量；

2）地质构造及水文地质，顶底板岩石性质、结构、层节理、强度及分类；

3）煤层瓦斯、二氧化碳的条件、涌出量及其是否有突出危险倾向性，煤层自然发火期，煤尘爆炸性等；

4）工作面不同位置的柱状图。

（3）工作面巷道布置及其生产系统。工作面进回风巷、联络巷的布置，包括平面图、倾斜剖面图和走向剖面图。

（4）工作面采煤工艺。采高的确定，落煤方式、装煤方式和运煤方式，炮采面炮眼布置与爆破方式（附炮眼布置图），采煤机割煤方式、进刀方式与截深。

（5）顶板管理方法和支护说明书。

1）煤层伪顶、直接顶、基本顶和底板岩石的岩性，开采时的围岩特征；

2）直接顶顶板管理方法与支护形式的选择依据；

3）单体支柱布置方式与支护参数（支柱初撑力、支柱密度、支护系统刚度）的确定，液压支架主要参数（支架高度、初撑力、合理工作阻力）的选择；

4）工作面支架、特种支架、临时支架和端头支护类型；

5）综采工作面液压支架的工作方式、移架方式，综采工作设备总体配套，工作面最大、最小控顶距和放顶步距；

6）采空区顶板处理技术、回柱的方法，坚硬顶板的放顶卸压方法；

7）直接顶初次放顶、基本顶初次来压、基本顶周期来压的支护措施；

8）分层开采的人工假顶或再生顶板工艺；

9）上下平巷支架的回撤及滞后距离；

10）备用材料数量及存放地；

11）对特殊采煤方法的规定及要求。

（6）工作面布置层面图和剖面图。

1）上下切口、上下出口、平巷煤柱或巷旁充填带尺寸，顶板管理方法及采运煤设备；

2）最小、最大控顶距，采煤机在各班开始时的位置，以及各班平行工序之间的相对距离；

3）支架的结构和尺寸，支柱和木垛沿走向和倾斜的间距，空顶道的距离、允许空顶的面积，上下切口和上下出口处支架，安设临时和正常支架的顺序以及其他特种支护。

（7）采煤工作面的风速、通风设施、瓦斯监测及通风系统图，灌浆、洒水、瓦斯抽放、注水、压风、充填等管路系统图。

（8）采区运煤、运料设备的型号、台数、能力、安装位置、使用要求及系统图，供电设施、电缆、设备负荷及供电系统图，排水、照明、通讯设施及布置图。

（9）劳动组织、循环图表及主要技术经济指标表。

（10）安全制度。工作面交接班制度、敲帮问顶制度、工程质量验收制度、巷道维护修理制度、机电设备维护保养制度、瓦斯煤尘管理制度、爆破和检查瓦斯制度等。

（11）安全技术措施。除了采区设计中要求的措施之外，还应包括如下内容：

1）各工种操作与机械设备维护措施；

2）落、装、运、移、支、回各工序安全技术措施；

3）直接顶初次放顶、正常放顶和收尾放顶，托伪顶开采以及过老空、过局部破碎带和断层措施；

4）基本顶初次来压和周期来压的措施；

5）通风与瓦斯管理、防灭火、综合防尘、防排水措施；

6）提高煤质和工程质量的保证措施；

7）避灾撤人路线等。

（12）事故案例。事故案例应包括事故经过、事故原因和防范措施三部分。不论正常条件下还是特殊条件下，都必须有类似工作面施工的教训，这是作业规程或单独报批的专项安全措施不可缺少的内容。结合施工具体情况，可有选择地附上 1～3 个典型事故案例及分析。

6.1.2 采煤工作面作业规程编制依据和方法

6.1.2.1 编制依据

（1）煤矿安全生产法规。编制采煤作业规程必须符合《矿山安全法》、《煤矿安全规程》、《煤炭工业技术政策》、《煤炭企业岗位标准化作业标准》、《2005 年煤矿安全管理国家强制性标准与各工种岗位安全生产日常管理工作准则》等有关条文规定。

（2）采区设计。采掘工作面作业规程必须按采区设计要求编制，已批准的采区设计是编制作业规程的主要依据。通过采区设计重点了解采区地质、巷道布置方式、采煤方法和采煤工艺方式、采区参数、生产系统及设备能力等情况。

（3）采掘工程图。通过该图主要了解实际的采区巷道布置和采区生产系统，采煤工作面的位置和有关参数，以及周围工作面开采准备情况。

（4）工作面地质说明书。在该工作面周围巷道均已掘出的情况下，地质部门可以提供比较精确的地质资料，作为编制作业规程的基础依据。

（5）本煤层及邻近采区的矿压观测资料。这是确定采煤工作面顶板管理和支护形式的重要依据。通过矿压观测资料了解顶板来压规律、顶板下沉量、下沉速度和压力值等。

（6）可借鉴的经验与统计资料。本煤层类似采煤工作面开采的经验教训，有关部门提供的图纸、统计数据、设备使用等方面的资料，对编制本工作面作业规程具有参考和利用价值。

6.1.2.2 编制方法

采煤工作面作业规程应在采煤区（队）长领导下，由区（队）采煤技术员负责编写，并在施工前两周编制完毕。作业规程的编制一般采用以下方法和步骤：

（1）摸清情况。深入调查了解施工工作面的地质、运输、通风等条件，可供采用的机械设备情况，总结类似工作面施工的经验教训，了解本单位职工思想状况和技术水平，掌握编制作业规程需要的实际资料。

（2）明确任务。矿、采区针对该工作面下达的产量、效率、效益、安全等要求。

（3）集思广益。召开技术人员、工人、干部三结合会议，讨论、研究并确定施工工艺方案、作业方式、工序安排和劳动组织，制定安全技术措施，计算预期的技术经济指标。

（4）精心编制。综合整理分析以上各种信息，严格按照作业规程内容、格式的要求绘出各种图件，写出文字说明，形成完整的作业规程初稿。作业规程的文字部分应简明、严谨、通俗易懂，工程图部分应清晰、准确，符合实际，满足施工的需要。

6.1.3 作业规程的审批与执行程序

（1）审批规程。作业规程编制完成后，经区（队）长审查签字，编制人分别送交矿有关科室，由矿采煤副总工程师或技术科负责人主持召开生产、地测、机电、安全、通风、设计等部门会议，对规程会审。根据会审意见，由编制者修改初稿，然后提交矿总工程师审批。各有关部门负责人和矿总工程师审查批准签字（通常附在作业规程前面）后，即可贯彻学习，为工作面投产做准备。

（2）贯彻规程。作业规程必须在采煤工作面开工前由编制人负责贯彻，并对重点工程进行讲解，贯彻规程的范围应包括区（队）长在内的本采煤工作面全体工作人员。贯彻规程的会议由区（队）长主持，有安检人员参加，有参加人数和贯彻情况的会议记录，所有参加会议的人员必须在贯彻栏中签字、盖章（通常附在作业规程后面）。轮休和请假的工作人员必须及时补课，贯彻后经考试合格方可下井工作。

（3）执行规程。采煤工作面作业规程贯彻后，该工作面所有工作人员必须认真执行规程中的各项规定。生产业务主管部门和安全检查部门要深入现场认真检查监督采煤区（队）作业规程的执行情况，对达不到要求的必须停止作业进行处理，实行严格的奖惩制度。

1）对于制止违章指挥、违章作业，因而避免了事故或显著减轻事故危害的职工，企业要给予表彰、奖励。

2）对于违章作业、违章指挥者，对于打击报复制止违章作业和违章指挥的人员、揭发隐瞒事故真相的人员及安全检查人员的，要追究当事人或事故肇事者的责任，并追究区（队）长的责任。主管生产的副矿长和副总工程师要定期检查区（队）执行作业规程情况。

（4）修改规程。在执行作业规程中，采煤工作面地质或生产条件同原作业规程不符时，必须及时修改作业规程或补充安全技术措施。修改的作业规程或安全技术措施必须再按程序进行审批。审批后仍由技术员在使用新规程或措施前分作业班向全体工作人员传达贯彻。采煤工作面回采结束后，作业规程即行作废，对新开工的采煤工作面必须另行编制作业规程。

6.1.4　采煤工作面作业规程编写格式及示例

6.1.4.1　采煤作业规程封面及附页栏编制格式

（1）封面。内容包括：×公司×矿、施工地点、施工单位、施工负责人、规程编制人、编制日期、开工日期、保存单位及编号。要求：施工负责人、规程编制人必须本人签字盖章。

（2）审批意见栏。必须组织会审，会审意见可按部门列出或汇总，各部门负责人签字后，经矿总工程师审批签字执行，特殊情况须经局总工程师审批，签字必须手写。

（3）目录栏。目录按章节排序，页码与正文页码一致，图纸也要编页码。

（4）贯彻规程栏。置于正文后，表格形式如表 6-1 所示。

表 6-1　作业规程贯彻情况表

第　　　次参加规程学习人员登记表

年　　月　　日　　时

当班在册人数：　　　人		主持区（队）长：		贯彻人：	
姓名	签名	姓名	签名	姓名	签名

6.1.4.2 作业规程正文格式及示例

A 工作面概况及地质概况

本章除必需的文字叙述外应尽量用图表说明，附图有地质平面图、剖面图、井上下对照图、综合柱状图、采掘工程平面图等图件，按顺序附图，并注明比例，如一张纸不够可加长或加宽。

（1）工作面境界范围。如表6-2所示。

（2）煤层赋存与地质概况：

1）煤层特征，如表6-3所示；

2）顶底板特征，如表6-4所示；

3）储量情况，如表6-5所示；

4）工作面地质构造与水文地质，简单的可用文字叙述，复杂的用图表说明。

表6-2 工作面境界范围

沿走向方向		沿倾斜方向	
左部边界	右部边界	上部边界	下部边界

表6-3 煤层特征表

项 目	单 位	指 标
煤层厚度	m	最大~最小/平均
煤层倾角	(°)	最大~最小/平均
煤层硬度		
煤层节理		发育程度
煤层层理		发育程度
灰 分		
煤质挥发分		
密 度		
自燃发火期		
相对瓦斯涌出量		
煤尘爆炸指数		

表6-4 顶底板特征表

顶底板		岩石类别	厚度/m	岩 性
顶板	基本顶			
	直接顶			
	伪顶			
直接底				

表 6-5　工作面储量表

煤层名称	工作面尺寸/m		平均厚度/m	储量/万吨	可采储量/万吨	采出率/%
	走向	倾向				

5）煤层柱状图。分别描述工作面不同地点的柱状图和工作面综合柱状图，柱状图中应注明开采煤层、夹石层和伪顶、直接顶、基本顶、直接底的岩石名称、厚度（平均及最大、最小厚度）和岩性，如表 6-6 所示。

表 6-6　综合柱状图（或所取柱状地点柱状图）比例

序　号	岩石名称	煤层厚/m	柱　状	岩层厚/m	岩性描述

B　巷道布置与工作面工艺过程

确定工作面采煤方法、巷道布置系统和采煤工艺与设备选型方案、工作面通风设计、生产组织设计等内容，具体图表格式要求参考下面的示例。

（1）巷道布置。附有巷道布置设计平面图、运输平巷与回风平巷处的走向剖面图、开切眼处的倾斜剖面图。

（2）工作面采煤工艺过程及工作内容（见表 6-7）。

表 6-7　工作面采煤工艺参数及设备表

采煤方法			工作面长/m		
落煤方式			倾角/(°)		
循环进度/m			采高/m		
作业方式			放煤高度/m		
顶板管理			设备型号	采煤机	
支护形式				液压支架	
支护高度/m				端头支架	
端头支护	上端形式			前输送机	
	下端形式			后输送机	
单体支护	型号			转载机	
	型号			破碎机	
顶梁	型号			带式输送机	

（3）支架设计。

1）支架设计应含有支护设备（材料）选型设计、工作面顶底板比压计算与校验；

2）特殊支护方法及支架的结构示意图（平、断面图），应包括上下端头、安全出口及超前支护。

（4）采煤方法与采煤工艺。

1）炮采工作面落煤工艺。应编制炮眼布置、爆破方式和爆破技术的爆破说明书，说明书中应附有开帮炮眼布置图（正、侧、俯视图）、挑顶炮眼布置图（正面图、走向断面图）和装药量计算表，表格形式和内容如表6-8所示。

表6-8　装药量计算表

炮　眼		炮眼深度/m	炮眼间距/m	装药量/kg·孔$^{-1}$	工作面长/m	炮眼数/个	总装药量/kg
开帮	顶眼						
	腰眼						
	底眼						
	挑顶眼						
	每循环炸药消耗量/kg，设计炸药消耗量/kg·（万吨）$^{-1}$						
	每循环雷管消耗量/发，设计雷管消耗量/发·（万吨）$^{-1}$						

2）机械化采煤工作面落（放）煤工艺内容。应设计采煤机截割方式（单向或双向采煤）、进刀方式及截深，绘制采煤机进刀方式图。综放工作面还应设计说明放煤方式、放煤步距和初末采放煤工艺。

（5）工作面支护与顶板管理。编制工作面支护及顶板管理说明书，说明书包括文字叙述和工程图，工程图包括工作面层面图、纵横剖面图，并注明详细尺寸。

（6）采区运输及动力供应。采区运输及动力供应包括工作面设备表和机电设备布置图与配电系统图。综采工作面主要机电设备应包括：液压支架、采煤机、工作面刮板输送机、转载机、破碎机、带式输送机、乳化液泵站、移动变电站、绞车、控制台等，表的格式和内容如表6-9所示。

表6-9　综采工作面主要机电设备表

使用地点	设备名称	规格型号	数　　量

（7）工作面通风设计。包括风量计算、瓦斯监测设计和抽放设计，通风系统图、瓦斯监测系统控制图和防灭火注浆、瓦斯抽放及供水防尘系统示意图。需要使用的表格格式如表6-10、表6-11所示。

表6-10　工作面风量计算表

计算依据	需要风量/m^3·min^{-1}（列公式计算）
1. 按人员计算	
2. 按炸药消耗量计算	
3. 按瓦斯涌出量计算	
4. 按工作面温度计算	
确定风量	
风速校核/m·s^{-1}	

表 6-11   工作面瓦斯监测设备表

名　称	型号	数量	设置地点

（8）工作面生产组织设计。设计须按正规循环作业编制循环图表、劳动组织表和主要经济技术指标表，格式和内容，如表 6-12、表 6-13、表 6-14 所示。

表 6-12   工作面正规循环作业图表

工时/h 面长/m	第一班	第二班	第三班
上切口	2　　4　　6　　8	10　　12　　14　　16	18　　20　　22　　24
下切口			
图　例			

表 6-13   工作面劳动组织表

序号	工　种	班出勤人数					工时利用/h											
		小计	一班	二班	三班	检修	2	4	6	8	10	12	14	16	18	20	22	24
	合　计																	

表 6-14   工作面主要经济技术指标表

编号	项　目	单　位	指　标	备　注
1	工作面长度	m		
2	采高	m		
3	煤层生产能力	t/m^2		
4	循环进度	m		
5	月循环数	个		
6	月进度	m/月		
7	日产量	t/d		
8	月产量	t/月		
9	回采工效	t/工		
10	坑木消耗	m^3/万吨		
11	炸药消耗	kg/万吨		
12	雷管消耗	个/万吨		
13	金属网消耗	m^2/万吨		
14	工作面采出率	%		
15	工作面直接成本	元/吨		

说明：

C 安全制度

安全管理规章制度是安全文明生产的基础，是落实安全技术措施的前提。在作业规程中单列一章。贯彻安全制度有利于加强现场安全管理工作。

D 安全技术措施

按初采、正常开采、特殊开采、末采，分阶段、分工种、分工艺叙述。各种灾害的避灾路线图要反映到井口，并附有行进图标，文字说明要有避灾原则和措施。

E 事故案例

事故案例应包括事故经过、事故原因和防范措施三部分。

6.2 掘进工作面作业规程的编制与实施

6.2.1 掘进工作面作业规程编制内容

掘进工作面作业规程详细地说明了工作面的工艺设计，一般应包括下列内容：

（1）概况。施工巷道的名称、用途、规格、施工技术要求，巷道所在区域（或采区）情况，采用沿空掘巷的必须详细说明。

（2）地质情况。

1）煤岩层名称、厚度、走向、倾角、煤及围岩特性、强度及稳定性，附煤岩层柱状图；

2）掘进范围内瓦斯、煤尘和发火期情况，地质构造与水文地质情况，附平面图和剖面图；

（3）施工巷道布置与巷道断面设计。

1）根据采区设计简述施工巷道的布置，巷道掘进方向线、坡度和煤柱尺寸，掘进巷道与邻近巷道的施工关系及施工期；

2）设计施工巷道的断面形状和尺寸（应明确规定各类管、线、运输设施、人行道的布置与尺寸，巷道断面应预留可缩尺寸），并附巷道断面图，标明煤层及围岩与巷道的相对位置。

（4）掘进方法和爆破说明书。施工巷道掘进方法，掘进机械化设备与工艺流程图；钻眼爆破法应有炮眼布置图、工艺流程图和爆破说明书。

（5）巷道支护。

1）临时和永久支护的形式、结构和尺寸、背板材料及规格、棚距，临时支护与永久支护、永久支护与工作面间最小和最大距离的平面图和剖面图；

2）用料石砌碹或用混凝土结构时，应说明回碹胎的时间。

（6）装运工作与动力供应。

1）装煤（岩）方法及设备型号、台数；

2）运输方式设备形式与轨道布置，运输设备同支护之间的安全距离，上、下山掘进用矿车运输时，遮挡的规格、位置以及躲避硐室的规格和间距；

3）供电、照明、通讯、压风、供水系统和设备安装位置示意图。

（7）掘进通风与排水。

1）通风系统与监测仪表布置图，风量计算，局部通风机位置，风筒类型、规格及安设；

2）排水系统、水泵及管路配备；

3）瓦斯抽放系统、防尘注水系统及综合防尘措施。

（8）劳动组织、循环作业与技术经济指标：

1）劳动组织形式、劳动配备及工人出勤图表；

2）循环方式、作业形式及正规循环图表；

3）主要技术经济指标表。

（9）安全制度（与采煤工作面作业规程要求相同）。

（10）安全技术措施。除采区设计中规定外，还要注意以下内容：

1）掘进机械的安装、操作、检修措施；

2）开拉门、探老硐、老空、石门揭煤、过断层、破碎带防止冒顶、片帮及巷道贯通等专项安全技术措施及平面布置图；

3）顶板管理措施及防止爆破崩倒支架等安全技术措施；

4）通风管理与综合防尘措施；

5）锚杆、锚索支护施工管理与质量保证措施；

6）锚杆支护巷道的监测；

7）避灾（水灾、火灾、瓦斯与煤尘爆炸）方式，包括避灾方法、避灾路线图及避灾路线简介。

（11）事故案例。同采煤工作面作业规程的要求一样，须附 1～3 个相应的事故案例。事故案例应包括事故经过、事故原因和防范措施三部分。

6.2.2 掘进工作面作业规程编制依据和方法

（1）编制依据。编制掘进工作面作业规程的依据与采煤工作面作业规程基本类同。

（2）编制方法。每条巷道在开工前，必须编制施工作业规程，即以采区的一翼分区段、同一煤层的进风巷、回风巷或按煤（岩）巷道和采区上下分别编制。掘进作业规程应在掘进区（队）长领导下，由区（队）掘进技术员负责编写，并在施工前两周编制完毕。掘进作业规程的编制步骤和方法与采煤作业规程基本相同。但是，由于巷道施工的地质报告可靠程度不如采煤地质报告精确，特别是对于地质条件复杂的施工巷道，需要认真地分析地质说明书和采掘工程图等有关资料，深入了解邻近采区、邻近巷道、同一煤层中掘进的实践经验和教训，使规程的编制建立在科学判断的基础之上，对施工中可能出现的各种情况做好充分的准备。

6.2.3 作业规程的审批与执行程序

掘进与采煤作业规程的审批、贯彻、执行和修改程序是一致的，这里不再赘述。掘进区（队）由于作业地点多、人员分散，为了落实作业规程，通常将作业规程的主要内容绘制成施工牌板，挂在施工地点附近，使作业人员能经常对照牌板的要求正确施工，保证工程质量及施工安全。施工牌板应有以下内容：巷道断面尺寸图、爆破图表（炮掘）或掘进机截割、进刀路线（机掘）、支架说明书、循环图表、供电系统图和避灾路线图。在巷道施工中，遇到施工技术变化时，应编制施工技术补充措施，如以下情况：

（1）施工方法及作业方式变化时，如施工方法由机掘改成炮掘，作业方式由掘支平行作业改为短段掘支单行作业等，都必须编制补充措施；

（2）地质条件、劳动组织与循环作业变化时，均应编制补充措施。

6.2.4 掘进工作面作业规程编写格式及示例

6.2.4.1 掘进工作面作业规程封面和附页栏编制格式

封面、审批意见栏、目录栏和贯彻规程栏的格式和相关要求与采煤工作面作业规程相同。

6.2.4.2 作业规程编制格式及示例

A 工作面概况及地质概况

（1）工作面概况。用文字和施工平面图、剖面图表述巷道名称、位置、用途及相邻关系。

（2）地质概况。

1）煤层赋存状况：用综合柱状图和文字反映煤层结构、煤厚、顶底板岩性，图样同采煤作业规程；

2）地质构造与水文地质：地质说明书文字部分及附图（地质平面图、纵横剖面图及比例）；

3）巷道施工可能遇见的问题及注意事项，附井上下对照图及比例。

B 工程设计

（1）设计工程说明（见表6-15）。

表6-15 巷道特征表

巷道名称		巷道类别	
巷道用途		巷道坡度/(°)	
工程量/m		巷道支护	
预计工期/m		煤岩别	

（2）巷道断面形状与尺寸设计。

（3）巷道支护设计。

1）锚杆支护设计。顶、帮锚杆长度的计算，锚杆直径、间距、排距和锚固长度的计算。

2）锚索支护设计。锚索长度、支护密度、排距、间距和锚固长度的计算。

3）巷道支护断面图（巷道断面尺寸、净面积、锚杆型号、尺寸及间排距、肩锚杆角度）。

4）巷道支护俯视图（顶板锚杆、锚网、钢带、锚索布置图），标明最大、最小控顶距。

5）巷道支护侧视图（帮锚杆、金属网、钢带布置图）。

C 施工方法

（1）技术要求说明和工艺流程图。

（2）爆破说明书（或综掘机截割路线图）。

1）炮眼布置图；

2）爆破说明书及附表，如表6-16所示。

表6-16 掘进工作面爆破图表

眼号	炮眼名称	炮眼个数	眼深/m	眼距/m	角度/(°)		装药量		封泥长度/m	起爆顺序
					水平	垂直	每孔卷数	合计		

说明：

D 通风、防尘、排水与瓦斯抽放

（1）风量计算与风机选型及附表（见表6-17）。

表6-17 掘进工作面风量计算表

通风方式		风筒口与工作面距离/m
通风计算/m³·min⁻¹	1. 按同时最多工作人数	
	2. 按同时爆破最大炸药量	
	3. 按瓦斯绝对涌出量	
选用局部通风机型号		局部通风机吸入风量/m³·min⁻¹
绝对瓦斯涌出量/m³·min⁻¹		风筒口出风量/m³·min⁻¹
发火期/月		煤尘爆炸指数/%

（2）通风、防尘、排水系统图。

（3）瓦斯抽放与监测系统图。

E 施工设备与供电设计

（1）供电系统图。

（2）巷道施工设备配备表（见表6-18）。

表6-18 巷通施工设备配备表

设备名称	型　号	数　量	维护措施及配套方式

F　工作面循环工作组织

（1）作业方式与循环作业。

1）施工工艺流程示意图；

2）掘进班作业图表，如表6-19所示。

表6-19　掘进班作业图表

工序	时间	工序时间/min	班作业时间/h							
			1	2	3	4	5	6	7	8
图例：										

（2）工作面劳动组织表（见表6-20）。

表6-20　工作面劳动组织表

工　种	出勤人数					
	合　计	掘进班			喷浆班	
		一班	二班	三班	一班	二班
合　计						

（3）主要经济技术指标表（见表6-21）。

表6-21　主要经济技术指标表

项　目		单位	数量	项　目		单位	数量
循环要求	进尺	m		支护材料消耗	锚杆	套	
	日次数	个			锚索	套	
	循环率	%			金属网	m²	
	月循环次数	个			锚固剂	支	
进度	班进度	m		炸药	钢带	架	
	日进度	m			班消耗	kg	
	月进度	m			日消耗	kg	

项　目		单位	数量	项　目		单位	数量
定员	在册	人			月消耗	kg	
	直接工	人			班消耗	发	
效率	延长米	m/工		雷管	日消耗	发	
	体积	m³/工			月消耗	发	
出煤（矸）量	循环	m³			开拓掘进率	m/万吨	
	小班	m³			生产掘进率	m/万吨	
	圆班	m³			支护成本	元/m	
	掘进成本	元/m			直接成本	元/m	

G　安全制度

内容同采煤作业规程。

H　安全技术措施

内容包括：总则；各工种操作的安全技术措施；工艺流程中各道工序的安全技术措施；特殊条件下的专项安全技术措施；避灾方式：分别按水灾、火灾、瓦斯与煤尘等灾害制定避灾方法、避灾路线图、避灾路线简介等措施。

I　事故案例

结合具体施工情况，附 1~3 个相应的事故案例。事故案例应包括事故经过、事故原因和防范措施三部分。

6.3　采掘工作面工种操作规程的编制与实施

科学、规范、合理地编制操作规程，学习、掌握、运用操作规程，监督、检查、落实操作规程，是开展煤矿企业岗位标准化作业、提高职工素质、规范职工作业行为、实现安全文明生产的重要途径，也是采掘工作面技术管理的重要内容。

6.3.1　采掘工作面工种操作规程的编制内容

工种操作规程应具有"应知、应会、应用"三大功能，明确告诉作业者应"先做什么"，"后做什么"，"怎么做"，"做到什么程度"和"注意什么"。主要内容包括：作业程序、动作标准和安全要点。工作项目分为接班、作业、交班三个环节。

（1）接班：包括进入接班地点、询问工作状况、现场检查、问题处理及履行交接班手续等五道程序；

（2）作业：至少包括作业前准备、正常作业、特殊问题处理等三道程序；

（3）交班：包括交班前准备与自查、向接班人汇报、接受接班人检查、问题处理、履行交班手续及下班等六道程序。

6.3.2 操作规程的编制与实施

（1）《安全生产法》中对安全操作规程制定与实施的若干规定。

第十七条：生产经营单位主要负责人对本单位安全生产工作负有组织制定安全生产规章制度和操作规程的职责。

第二十一条：生产经营单位应当对从业人员进行安全生产教育和培训，保证从业人员具备必要的安全生产知识，熟悉有关的安全生产规章制度和安全操作规程，掌握本岗位的安全操作技能。未经安全生产教育和培训合格的从业人员，不得上岗作业。

第二十二条：生产经营单位采用新工艺、新技术、新材料或者使用新的设备，必须了解、掌握其安全技术特性，采取有效的安全防护措施，并对从业人员进行专门的安全生产教育和培训。

第二十三条：生产经营单位的特种作业人员必须按照国家有关规定经专门的安全作业培训，取得特种作业操作资格证书，方可上岗作业。

第三十六条：生产经营单位应当教育和督促从业人员严格执行本单位的安全生产规章制度和安全操作规程，并向从业人员如实告知作业场所和工作岗位存在的危险因素、防范措施以及事故应急措施。

（2）煤矿各级部门对于操作规程的责任。

1）矿长负责组织编制、审定本企业各项安全生产规章制度和安全操作规程；

2）生产副矿长负责主持制定安全生产管理制度和安全技术操作规程，定期检查执行情况；

3）生产技术部门负责编制或修订工艺技术操作规程、安全技术标准，并对执行情况进行检查、监督和考核；

4）安全检察部门负责审查编制安全操作规程，组织开展安全操作规程培训工作和监督作业人员执行操作规程；

5）采掘区（队）长负责组织本区（队）贯彻执行安全操作技术规程；

6）班（组）长负责在本班（组）落实安全操作规程，并对工人进行安全操作方法指导和检查。

近年来，国有重点煤矿企业推行岗位标准化作业，逐步完善了本企业集团统一的岗位工种作业标准，强化了局、矿两级安全操作规程培训体系，使煤炭企业操作规程制度化、规范化、标准化。除特种作业工种外，许多煤矿井下工种操作规程也都建立了行业标准。

6.3.3 采掘主要工种操作规程实例

《煤炭企业岗位标准化作业标准》（简称《作业标准》，下同），具体规定了采掘主要工种作业人员的工作职责和岗位操作安全技术标准，表6-22是《作业标准》锚杆支护工操作规程的具体实例。

表 6-22　锚杆支护工操作规程

项目	作业程序	作业标准
接班	1. 进入接班地点	1.1 准时进入工作面接班地点
	2. 询问工作情况	2.1 询问上一班锚杆机具的使用情况、巷道围岩的变化情况及锚杆的打设质量
	3. 现场检查及试运转	3.1 交接班人员共同检查风、水管路有无破口，风动钻机各部件是否齐全、完好，油壶油位是否符合要求，钻杆中心孔不通不得使用 3.2 按操作规程进行锚杆钻机试运转
	4. 问题的处理	4.1 根据查出问题的性质，交接班人员通过报班队长、验收员，按规定提出处理意见，并安排专人现场处理
	5. 履行手续	5.1 履行交接班手续
作业	1. 作业前的准备	1.1 接受作业任务清理现场。检查支护材料规格质量，是否符合规定 1.2 敲帮问顶，检查支护完好情况 1.3 根据作业规定的锚杆布置方式，量取中腰线，确定间排距。工作台须搭设牢固 1.4 搭设好工作台，铺设顶网，并用网丝把梯子梁捆绑在顶网上，位置按作业规程规定，同时把新铺设的网与原支护的顶网接联 1.5 前移前探梁，挑起顶网与梯子梁，并用绞顶大板、配合木楔、刹杆把顶背紧，使网紧贴顶板。前探梁卡丝口必须拧满 1.6 把风、水管理顺，运至工作面，掘进钻机、钻杆等，将风、水管分别用安全夹、销与钻机连接牢固，打开风、水阀门，进行试运转
	2. 打顶眼	2.1 先钻顶中部眼，后钻顶角眼。严格按作业规程规定的角度钻眼 2.2 操作者分腿站立，双手紧握操作手把，身体保持平衡 2.3 扶钻人一手握住钻机扶手，一手将一短钻杆插入钻机连接套内，向操作者发出开钻信号。扶钻工要扎紧袖口，严禁戴手套 2.4 操作者缓送气腿阀门，使气腿慢慢升起。对准眼位顶紧，点动钻机，待眼位固定钻进一定深度时，开大水阀门，扶钻人退到操作者身后侧监护。钻眼或安装锚杆时，除开机者之外，其他人员均站在钻机操作把水平状态的半径之外 2.5 当钻进约 50mm 深度时，全速钻进 2.6 扶钻工待钻机停转后，下落钻机，拔出短钻杆，换上长钻杆，打至设计深度
	3. 安装顶锚杆	3.1 按作业规程规定的树脂药卷型号、数量及顺序用钻杆杆体轻推入孔 3.2 安装搅拌器，把搅拌器尾端与钻机连接好 3.3 缓开气腿阀门，将树脂药卷顶至孔底，开机搅拌，边搅边推直到锚杆顶端推到眼底时，全速搅拌不少于 30s，顶推 1min 左右。搅拌时，必须一次完成，中途不得停机，严格控制搅拌时间 3.4 在扶钻人帮助下落下钻机，卸下搅拌器，换上紧固器，待 1 min 初凝后，把锚杆螺母紧固至规定预紧力 3.5 循环作业安装完顶锚杆

续表 6-22

项目	作业程序	作业标准
作业	4. 打帮眼	4.1 铺帮网，按作业规程规定量取间排距，标定眼位 4.2 用帮锚杆钻机钻眼。扶钻工扶住钻杆，使钻尖对准眼位，点动钻机钻进 50mm 后，扶钻工退至操作者后侧，全速前进，钻至设计深度后，来回窜动钻杆清除钻孔煤粉
	5. 安装帮锚杆	5.1 安装药卷井搅拌，同 3.1~3.3 5.2 卸下搅拌器，待 1min 初凝后将螺母紧固至规定预紧力 5.3 循环作业安装完帮锚杆
	6. 补联网	6.1 按作业规程要求双丝双扣，孔与孔相连，纽结不少于 3 圈
	7. 打锚索眼	7.1 根据作业规程规定标定锚索眼位 7.2 钻眼，同 2.2~2.5 7.3 每根钻杆打完后，落下钻机先关风，后关水，拔下钻杆，再续接一根，待扶钻工撤离后，继续升钻钻眼至规定深度，溢水清孔。钻眼过程中注意观察钻眼的垂直度以及接头的完好情况 7.4 从上往下依次卸下钻杆，把钻杆放在规定地点
	8. 安装锚索	8.1 按作业规程规定的树脂药卷规格、数量、顺序，用锚索锚固头轻轻将药卷送入孔底 8.2 搅拌，同 3.2~3.3 8.3 卸下搅拌器 8.4 张拉。安装锚索组合构件，按作业规程规定张拉锚索至规定预紧力，张拉时要两人协作，张拉油缸与钢绞线保持在同一轴线上，操作人员要避开张拉油缸轴线方向。张拉时发现不合格锚索，必须在其附近补打合格锚索 8.5 切割。使用液压切割器切割锚索，要两人协作，采用专用套管将钢绞线套好，防止钢丝散落。切割下的钢丝束放至规定地点，切割时，切割器前方 5m 范围内不得站人。切割后的锚索外露长度符合作业规程要求
	9. 锚杆质量检查	9.1 锚杆预紧力检测：采用力矩示值扳手检查，每根锚杆螺母预紧力矩应符合作业规程要求。对检查不合格的螺母，应重新拧紧至规定预紧力 9.2 锚杆锚固力检测：采用锚杆拉拔仪进行固力检测。锚杆锚固力抽样抽检率为 1%，每 300 根顶（帮）锚杆抽样一组（3 根）进行检查，不足 300 根时，按 300 根考虑。锚杆锚固力低于作业规程规定值时，应在其周围补打合格锚杆。不合格的锚杆必须重新补打 9.3 锚杆角度检测：采用锚杆角度测量仪进行检查，锚杆角度应符合作业规程要求，对检查不合格锚杆应重新补打
	10. 特殊问题处理	10.1 如果巷道地质条件发生变化（出现断层、褶曲、淋水等）时，应重新调整支护参数或采取应急措施及时处理。怀疑为透水征兆时，不准拔出钻杆，并及时向矿调度汇报、查明原因 10.2 开切眼断面较大时，一般采用两次成巷，一次成巷后进行扩帮。扩帮时，可在巷中打设信号点柱 10.3 施工中局部出现冒顶，先封顶，控制冒顶范围扩大，并及时打设点锚或锚索加强支护。出现局部冒顶托梁不能贴顶时，应加垫半圆木或木托板

项目	作业程序	作业标准
交班	1. 作业前的准备	1.1 关闭风、水阀门，将风、水管挂整齐，锚杆机具抬放距工作面 5m 外安全地方 1.2 拆除工作台，把架板、铁梯抬放到窝头往外 5m 靠帮挂好
	2. 向接班人汇报	2.1 向接班人汇报本班工作情况
	3. 接受接班人现场检查	3.1 协助接班人现场检查
	4. 问题处理	4.1 发现问题立即协同处理 4.2 对遗留问题，落实责任向上汇报
	5. 履行交接手续	5.1 履行交接手续
	6. 下班	6.1 执行《通用标准》 6.2 上井汇报，填写记录

6.4　采掘工作面安全技术措施

安全技术措施是采掘工作面作业规程中的重要内容，是采掘工作面技术管理的重要组成部分，对于指导安全生产起着关键作用。因此，不论从编制安全技术措施的内容，还是报批、贯彻、执行和修改的管理程序，都必须做到科学、规范、一丝不苟。

6.4.1　安全技术措施的编制、报批、贯彻、执行和修改

采掘工作面安全技术措施包括正常条件和特殊条件两种情况：正常条件是指采掘工作面的地质条件、生产技术条件和工作状态处于正常情况下的技术管理；特殊条件是指采掘工作面处于复杂的地质构造带，或工作面施工环境和条件发生改变，经预测具有灾害倾向或处于局部灾害危险控制区域，但按目前技术条件是可防治的。特殊作业条件需要编制专项安全技术措施，包含在作业规程中或单独编制报批。单独报批的专项安全技术措施的编制、实施程序与作业规程的程序基本相同，但时间要求紧迫。编制的步骤和方法如下：

（1）调查研究：摸清要处理的问题；

（2）工程例会：由施工单位、生产技术、地测、通风、安监、机电、设计、安装、维修等相关部门的领导、技术人员和施工单位工人代表参加，共同研究解决方案。要求准确记录例会时间、地点、参加人员（签字盖章）和主要内容；

（3）按照研究确定的处理办法，编制周密完整的施工技术方案、指挥组织机构、安全技术措施及事故案例等；

（4）经会审后，上报矿总工程师审批。管理办法同采掘作业规程；

（5）总工程师批准后，可分部门向参加处理工程问题的作业人员贯彻，严格遵照执行。在执行作业规程或专项安全技术措施的过程中，如果现场地质条件发生变化，须及时编制补充措施，上报矿总工程师批准后贯彻执行；

（6）在处理问题过程中，必须由主管此项工程的副矿长、副总工程师组织安检部门、

技术部门的人员和采（掘）区（队）长、技术负责人现场指挥，直至处理完毕为止；

（7）问题处理后，要向有关领导汇报，经同意后，方可将采掘工作面转入正常生产。

6.4.2　安全技术措施编写内容及要求

（1）安全技术措施的编写内容。正常条件下的安全技术措施内容包括：各工种与设备的安全操作措施、顶板管理和正常放顶措施、综合防尘措施、通风与防治瓦斯措施、防灭火措施、煤质管理措施、防止爆破崩倒支架措施等。

特殊条件下的安全技术措施内容包括：初次放顶、收尾放顶、基本顶来压、托伪顶开采、过老空、过顶底板松软或破碎带、综采过断层、过煤柱或冒顶区、过穿层石门和火成岩侵入体、煤与瓦斯突出煤层的掘进和开采、巷道贯通、软岩施工、冲击地压、水害威胁等安全技术措施，企业引进新技术、新工艺、新设备、新材料初次投入使用或某些处于工业性试验阶段的技术、工艺及设备的安全技术措施。

（2）专项安全技术措施的编写要求。特殊条件下单独报批的专项安全技术措施同作业规程的编制要求一样，必须规范管理。封面、审批意见、贯彻措施和事故案例等项目的格式要求与采掘作业规程相同。正文包括工程概述、施工方法和安全技术措施三部分。工程概述部分要说明工程的自然情况，并附有工程图表；施工方法应包括施工组织、技术要求和质量标准及绘制必要的图纸；不论正常和特殊条件都要针对工程的特点，按施工准备、初期施工、正常施工、特殊施工、末期施工，分阶段、分工种、分工序逐项制定具体的安全技术措施。措施内容的叙述应完整、准确、简练、易懂，不能违背《煤矿安全规程》的规定。《煤矿安全规程》中已作规定的可将该条目内容附在措施中，贯彻时一并讲解，重要内容必须复述。"一通三防"及特殊条件下开采应有专项措施。应针对水灾、火灾、瓦斯与煤尘、顶板等灾害制定避灾方法、避灾路线图和避灾路线简介等措施。避灾路线图要反映到井口，并附有行人路线指示标牌。

复习思考题

（1）简述编制采掘作业规程的主要依据、步骤和方法。

（2）在审批作业规程的过程中一般应有哪些部门参加会审？哪些人必须签字？

（3）简述采煤作业规程包括的主要内容。

（4）简述掘进作业规程包括的主要内容。

（5）简述采掘安全技术措施一般应包括的内容。

（6）安全技术措施中的避灾措施是如何规定的？

（7）作业规程中安排事故案例意义何在？主要包括哪几个方面？

（8）国家《安全生产法》对安全操作规程的制定和实施是如何规定的？

（9）煤矿企业各级部门对制定和实施安全操作规程负有哪些责任？

7 采掘工作面正规循环作业组织

7.1 采掘工作面正规循环作业组织

采掘工作面是煤矿生产原煤的工作场所。工作面的劳动对象是天然形成的煤岩层，工作场所—采掘工作面是经常移动着的，工作面每向前推进一个进度（或进尺），就要再重复进行采掘工作面所有的工序作业，并且周而复始、一个进度一个进度地重复进行。这就是煤矿采掘工作面生产最为典型的特点—工序的循环性。正规循环作业组织正是适应煤矿采掘工作这一特点要求，实现高产、高效、安全、均衡生产的一种科学的组织管理方法。

7.1.1 采掘工作面的循环作业

采掘工作面每完成一遍全部的工序过程，就向前推进了一个进度或进尺，我们就说工作面完成了一个循环。不同的工艺、不同的工艺生产过程，其工作面在一个循环内的工序作业过程及其安排是不相同的。譬如，爆破采煤工作面，一个循环往往是从落煤工序开始，以回柱放顶工序结束的；而对于普通机械化采煤、综合机械化采煤工作面，则常常是从采煤机割煤准备工序开始的，因工作面机电设备、设施的检修维护工序是生产过程中一项重要的工序，因而常常是以设备检修工序为完成一个循环的"标志"。掘进工作也是这样的，按照工作面的工序过程及其工序的安排，只要进行一遍掘进和支护的所有工序，完成掘进和支护规定的工作任务和要求，即完成了一个循环。

根据工作面昼夜完成循环作业的多少，采掘工作面的循环作业有昼夜单循环和多循环等作业形式。

7.1.2 采掘工作面正规循环作业组织

采煤工作面的正规循环作业，是指采煤工作面在规定的时间内（通常是在昼夜 24h 内），按照确定的采煤工艺作业顺序及其要求，按质、按量、安全地完成作业规程中循环作业图表所规定的全部工序和工作量，并且周而复始地完成规定的正规循环作业次数。

掘进工作面的正规循环作业，是指掘进工作面在规定的时间（24h）内，按照规定的掘进工艺作业顺序及其要求，按质、按量、安全地完成作业规程中循环作业图表所规定的全部工序和工作量，达到一次成巷的标准，并且周而复始地完成规定的正规循环作业次数。

采掘工作面正规循环作业的标准是：（1）编制有科学的、可操作性强的作业规程和正规循环作业图表，完成规定的正规循环率；（2）完成作业规程规定的各项技术、经济指标；（3）工作面安全，工程质量合格，机电设备完好率不低于 80%，事故率低于 2%；（4）安全生产，消灭死亡和重大事故。

正规循环率是反映采掘工作面生产管理水平高低的一项重要指标，它是指统计的当月实际完成的正规循环数占当月计划完成数的比率，即：

$$正规循环率 = \frac{当月实际完成的正规循环数}{当月计划工作日数 \times 日计划完成的循环数} \times 100\% \qquad (7\text{-}1)$$

式中的"当月实际完成的正规循环数"，是根据企业的正规循环标准和循环作业图表的要求，逐班逐日统计的全月实际完成个数，不能用全月的总进度（或总进尺）除以循环进度（循环进尺）去反算；"当月计划工作日数"是指当月的日历天数减去法定的节假日数、矿井停产检修日数和其他影响正常安全生产的日数，不含因本工作面的影响而造成的停产日数。

7.1.3 实行采掘工作面正规循环作业组织的意义

采煤工作面坚持正规循环作业，是加快工作面推进度，充分发挥矿井生产能力，保证高产、高效、低成本的重要途径。它有利于稳产、高产、均衡生产，有利于建立正常的生产秩序和工作秩序，有利于实现安全生产，有利于充分发挥采掘工作面和全矿井的综合生产能力。

推行正规循环作业必须编好作业规程，搞好工程规格质量，严格各项管理制度，提高干部的管理水平和工人的技术操作水平。因此，为保障正规循环作业的顺利进行，应注意以下问题：

（1）实行正规循环作业，必须要对循环中所包括的各道工序进行细致的分析研究，在此基础上对各道工序在时间上、空间上进行合理的安排，制定出循环图表，按图表作业。每个工人对自己的工作岗位、工作任务及完成时间都应事先心中有数，分工明确，各有专责。因此，在整个采煤过程中工序之间配合比较密切协调，从而使循环按时完成。

（2）正规循环作业对完成循环的时间和工作数量、质量都有严格的要求，为工人树立了明确的目标，并加强了工人的责任心。

（3）实行正规循环作业，工作面出煤时间固定，出煤也比较均匀，使井上下各生产环节容易配合，互相创造条件，生产秩序比较正常。

7.1.4 正规循环作业组织的要求

（1）循环时间：完成一个正规循环所需要的延续时间，不得超过规定的时间。

（2）循环工作量：完成一个正规循环，必须是按作业规程的规定，完成一个循环内所包括的全部工序和工作量。

（3）进度和安全工程质量：所完成的各道工序必须符合采掘工作面安全质量标准化的要求。工作面推进度要达到作业规程中规定的循环进度要求。

（4）定员定编：完成一个正规循环，需要一支结构合理、相对稳定的工人队伍，在出勤人数、从业人员职业资格和技术等级等方面要定员定编，保持有规定的出勤人数和稳定的作业队伍。

凡符合上述要求的为正规循环作业，否则应视为非正规循环作业。

正规循环作业特别强调的是一昼夜24h内几个班周而复始地完成一个或几个正规循环，因此每天各班的生产都是按照同样的秩序有规律、有节奏地进行。

7.2　采煤工作面正规循环作业组织

采煤工作面正规循环作业组织的基本内容，包括循环方式、作业形式、工序安排、劳动组织和技术经济指标等。

7.2.1　循环方式

循环方式是对循环进度和昼夜循环数目的总称。

7.2.1.1　循环进度

采煤工作面每完成一个循环，工作面煤壁向前推进的距离称为循环进度。它是反映工作面开采强度的一个指标，与工作面长度、采高、煤层厚度、倾角、顶底板岩石性质、采煤工作机械化程度及其技术特征、工作面昼夜工作制度和循环方式等因素有关，也与作业队伍的技术素质、操作水平和管理水平有关。循环进度的大小决定着工作面一个循环内的各道工序工作量的大小和作业时间的长短，影响整个循环作业组织。因此，应根据工作面的具体条件选择合理的循环进度，即：

$$循环进度 = 每循环落煤次数 \times 落煤进度 \tag{7-2}$$

工作面的落煤进度是指在每一次落煤后工作面煤壁向前推进的距离。循环进度和落煤进度是两个不同的概念。有的工作面落一次煤的过程就是一个循环，这时循环进度等于落煤进度。有的工作面落数次煤才集中检修设备完成一个循环，则循环进度等于落煤进度乘以落煤次数。确定合理的落煤进度，应考虑以下几方面因素：

（1）根据顶板的稳定性和允许裸露时间确定合理落煤进度。落煤进度取决于顶板裸露面积的大小，而顶板稳定性对顶板允许的裸露面积有着直接的影响。顶板坚硬稳定，允许其裸露的面积就大，落煤进度也可以适当加大。

（2）根据采煤工作面输送机运输能力确定落煤进度。落煤进度的大小直接影响着采煤工作面的小时采煤能力。工作面小时采煤能力必须与工作面输送机及运输平巷内输送机的小时运输能力相适应。

（3）落煤进度应与工作面的支护参数相适应。对于采用单体液压支柱同铰接顶梁组成单体支架的工作面，其落煤进度应与支架的排距相适应。支架排距应为落煤进度的整数倍，即落一次煤或落两次煤之后能支一排支架。

（4）落煤进度应与采煤机组的技术特征相适应。滚筒采煤机组或刨煤机组的截深即为落煤进度。

根据上述因素，通过技术和经济分析比较，选择合理的落煤进度。一般情况下应选择安全、高产、高效的落煤进度。炮采工作面落煤进度一般为 0.8～0.9m，最大不宜超过 2m；普采工作面和综采工作面普遍采用浅截深式采煤机，其截深一般为 0.5～1.0m。

7.2.1.2　循环落煤次数

每个循环的落煤次数取决于直接顶岩层性质及其垮落步距。所谓顶板垮落步距是指采空区直接顶岩层自然垮落的宽度。为使采空区顶板在回柱放顶后能够及时而又安全地垮落，一般情况下放顶步距略大于直接顶岩石的垮落步距。

对于采用单体支柱支护的采煤工作面，放顶步距往往与循环进度相等，即：

$$放顶步距 = 循环进度 = 每循环落煤次数 \times 落煤进度$$

$$每循环落煤次数 = \frac{直接顶板岩石垮落步距}{落煤进度}$$

7.2.1.3 循环时间的确定

循环时间即循环周期，它是指完成一个循环过程所持续的时间，即一个循环内顺序作业的各工序作业时间之和。

循环时间的长短取决于循环工作内容、循环工作量和循环作业的组织方法。为保证循环作业能正常进行，循环时间不应超过一昼夜，准备和采煤作业时间最好以整个圆班为单位，这样有利于各班工种的配备，使出勤人数与工作量相适应。

确定循环时间的方法是，首先根据采煤工作面工艺技术及其工序的作业关系，合理安排工序作业顺序及其相互间的作业关系，绘制工艺作业流程图；然后再根据工序作业条件、技术装备条件、工序作业劳动组织安排和各工种的劳动作业定额，列表计算一个循环内各道工序的作业时间、开工时间、完工时间；在工作面的工艺作业流程图上确定作业时间最长的关键工序，从循环作业的开始工序到循环作业的结束工序，确定关键工序路线，关键工序路线上的各道工序作业的时间之和，即为一个循环的作业时间。

下面分别就爆破采煤、普通机械化采煤和综合机械化采煤工作面的循环时间确定方法作简要解释。

（1）炮采工作面的循环时间。尽管炮采工作面工序很多，只要合理组织平行交叉作业和快速作业，大部分工序可以与落煤、装煤和顶板管理三大关键工序平行作业，其循环时间包括采煤班作业时间和准备班的作业时间：

$$T = T_1 + T_2 \tag{7-3}$$

式中　T——炮采工作面的循环作业时间，h；

　　　T_1——采煤班作业时间，h；

　　　T_2——准备班作业时间，h。

循环作业时间可按下列情况来计算：

1）从运输能力考虑：

$$T_1 = \frac{Lbm\rho c}{ge}$$

则　　　　　　　　　　　　$$T = \frac{Lbm\rho c}{ge} + T_2 \tag{7-4}$$

式中　L——采煤工作面长度，m；

　　　e——工时利用率（运输时间与每班工作时间之比）；

　　　m——采高，m；

　　　b——工作面爆破进度，m；

　　　ρ——煤层视密度，t/m³；

　　　c——工作面采出率；

　　　g——输送机小时运输能力，t/h。

炮采工作面准备班的作业工序主要是回柱放顶和设备检修、巷道超前支护及维护等，可以组织进行分段作业，以缩短准备班作业时间 T_2，使整个循环时间减少。

2）按计划日产量确定：

$$T = \frac{24}{N}$$

$$N = \frac{Q}{Ll_{循}\rho mck}$$

则

$$N = \frac{24Ll_{循}\rho mck}{Q} \tag{7-5}$$

式中　N——昼夜循环次数；

　　　$l_{循}$——循环进度，m；

　　　Q——工作面计划日产量，t；

　　　k——循环率，一般为 0.7~1.0；

其他符号意义同式（7-4）。

（2）普采工作面循环时间的确定。对于落煤、装煤、运煤工序一体化作业的普采工作面，除设备维修和采空区顶板处理工序之外，其余工序都可以同采煤工序（落煤、装煤、运煤工序）平行作业。因此，普采工作面的循环时间应为采煤时间和顶板管理、采空区处理和设备检修时间之和。循环时间应从工作面长度和采煤机运行速度等方面考虑，即：

$$T_1 = \frac{nL}{60ve}$$

$$T = T_1 + T_2 = \frac{nL}{60ve} + T_2 \tag{7-6}$$

式中　n——循环割煤刀数；

　　　L——工作面长度，m；

　　　v——采煤机组平均牵引速度，m/min；

　　　e——工时利用率。

T_2 主要是设备检修和准备时间，在较长的工作面，顶板管理与采煤机割煤工序可以实行平行作业，这时 T_2 主要就是检修时间。

（3）综采工作面循环时间的确定。综采工作面的落煤、拉架、推移输送机及设备检修、准备等工序为工作面的主要工序，其余的辅助工序可以组织与主要工序平行进行。

7.2.2　作业形式

昼夜各轮班中采煤班和准备班的配合方式称为作业形式。

采煤工作面的工作制度是指工作面一昼夜分为几个轮班和每个班作业的小时时间。目前，我国煤矿企业的工作面工作制度主要有"三八"工作制、"四六"工作制两种，个别企业还实行"四八交叉"工作制。

7.2.2.1　昼夜三班作业的作业形式

采用"三八"工作制度的工作面的作业形式主要有以下三种形式：

（1）两班采煤、一班准备。简称"两采一准"作业形式。采煤班包括采煤、挂梁、推移输送机、支柱，准备班做切口、回柱、检修机械设备、缩短平巷输送机、铺设人工假顶等工序。由于有专门的准备班，准备时间比较充分，易于保证回柱放顶工作安全和正常进行设备检修工作。

（2）两班半采煤、半班准备。在顶板条件好、支护形式简单、准备工作量较小的情况下，昼夜3个班当中有2.5个班采煤，其余0.5个班进行回柱放顶、设备检修等工序。

（3）三班采煤、边采边准。简称为"三采三准"作业形式。采煤工序同放顶、检修、准备在空间上错开一定距离，实行综合工种作业队的采、准平行作业。通常情况下每班一个循环，昼夜三个循环。

7.2.2.2　昼夜四班作业的作业形式

采用"四六"工作制度或"四八交叉"工作制度的，工作面作业形式主要有以下几种：

（1）"三采一准"。"三采一准"作业形式是"四六"工作制度下经常采用的作业形式。每天3个班采煤时间为18h，同"两采一准"作业形式相比增加了采煤时间2h，可以较好地发挥机械设备效能，保证设备的检修时间和工作面准备时间，能有效地减轻工人的劳动负荷，对保障工人身心健康和安全生产非常有利。机械化程度较高的综采工作面多用该作业形式。

（2）两班采煤、两班准备。简称"两采两准"作业形式。准备班穿插在两个采煤班中间，由专业人员进行检修、准备或回柱放顶等工作。这样可解决控顶距过大的问题，采煤和准备之间相互影响少，采煤机械设备检修和准备工作充分，有利于工作面机械设备安全正常生产。

选择工作面作业形式时，应考虑以下几点问题：

1）尽可能使生产集中，充分利用设备，避免设备轻载、空载，使采煤设备保持近于额定能力运行。尤其是在综合机械化采煤工作面，生产机械化程度高，设备集中运转和检修，可以保证设备的机械效能和安全性能，减少机械的磨损，延长机械寿命，保证高产、高效、安全生产；

2）要保证有足够的设备检修维护时间；

3）能获得最佳的技术经济指标。

7.2.3　工序安排

在确定工作面循环方式及作业形式的同时，应合理安排采煤工作面各道生产工序。对工序安排的要求是：充分利用工作面的工作空间和作业时间，避免各工序互相影响，提高工时利用率，保持工作面均衡生产，最大限度地提高工作面的生产能力。

7.2.3.1　组织工序时应注意的问题

（1）提高主要工序的工时利用率是提高产量和效率的关键。在组织循环作业时，首先要考虑主要工序的安排（如落煤、放顶）。其他工序则应配合主要工序来安排，以保证主要工序连续不断地进行。例如在普采工作面应以采煤机的运行为主，其他工序则紧密配合，保证采煤机连续运转；炮采工作面则以爆破、攉煤、支柱、回柱等工序为主。

（2）在保证安全的前提下，尽可能平行交叉作业，以充分利用采煤空间和工作时间，缩短循环周期。在实行平行交叉作业时，应根据安全规程和操作规程规定各工序在时间、空间上保持一定错距。

（3）应考虑前后工序的联系与配合，班与班之间应相互创造有利条件。

（4）每昼夜应规定有停电检修机电设备的时间。

（5）应考虑工作面均衡出煤以及其他生产环节的配合。

7.2.3.2　主要工序的安排

（1）采煤机割煤工序与回柱放顶工序在空间和时间上的安排。一般将回柱放顶工序安排在采煤机割煤之前，并始终保持一定的最小超前距离（一般在 30m 左右）。其优点是采煤机割煤时，采煤机割煤地点为最小控顶距，相对减少了采煤机割煤对顶板沿走向方向的影响，同时由于回柱放顶在前采煤机在后，可使回撤下来的柱子复用方便，支柱搬运量减少。

（2）爆破落煤工序与回柱放顶工序的安排。爆破落煤工序与回柱放顶工序都会引起顶板下沉速度加快，这两道工序往往被安排在同一个生产班内进行，炮采工作面的回柱速度一般远比爆破落煤的速度慢，两工序之间影响较大。一般采用下列方式安排工序：

1）整个工作面回柱放顶完成之后再进行爆破作业；

2）爆破作业沿倾斜与回柱放顶地点错后 15～20m；

3）加固影响区，实行全工作面爆破。

由于回完柱整个工作面的支柱后再进行爆破作业，是在最小控顶距的情况下进行的，减少了对顶板下沉的影响，在空间利用上也比较合理，因此，在炮采工作面多采用回柱放顶结束后再爆破的方法。

（3）爆破落煤与采煤工序的安排。炮采工作面爆破与采煤工序安排有以下几种方法：浅孔全工作面爆破、浅孔分段爆破、深孔全工作面爆破及深孔分段爆破。常用浅孔全工作面爆破全线出煤的方法。在爆破和采煤时间安排上要尽可能把爆破工序集中在非生产班内进行，在两个生产班之间间隔 1.5～2h，作为第二生产班进行全采面爆破的时间，这就可以使生产班内能不间断地连续生产，全工作面出煤，生产岗位固定，从而提高了工时利用率和劳动生产率。

7.2.3.3　绘制工序流程图

按各工序所占时间和它们的相互关系（如顺序作业、平行作业等），找出关键工序及关键路线，绘制工艺流程图。

绘制工作面工序流程图时，常用粗实线表示关键工序，用细实线表示非关键工序；顺序作业的工序画在一条线上，并用箭头表示其先后关系；平行作业的工序，用上下互相平行的线段表示；超前或落后一定时间依次开工的工序，用斜线表示；综合作业组完成的工作，画在虚线方框内。

图 7-1 为某矿普采工作面的工艺流程图。该工作面顶板稳定、煤质中硬，采用单体液压支柱配合金属铰接梁支护工作面顶板，支架布置方式为正悬臂齐梁直线式。每班进一刀、三班采煤，采准平行作业。关键工序为采煤机割煤线，由割煤准备、采煤机割煤、进刀打回头等工序组成。非关键工序有三条：支护线（随在割煤之后循序进行挂梁、清理浮煤、推移输送机和支柱），放顶线和做切口线。非关键工序与关键工序按平行作业关系在

不同地点分头进行。

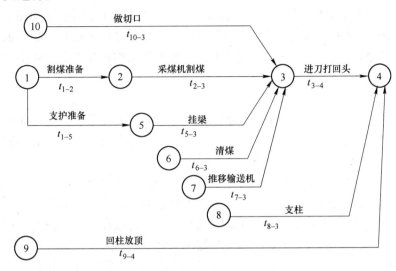

图 7-1 某矿普采工作面（边采边准）工艺流程图

7.2.4 劳动组织

劳动组织工作的内容包括：按循环工作量和劳动定额配备各工种或岗位的出勤工数，确定劳动组织形式，确定工作队（组）的作业形式。

7.2.4.1 按循环工作量或劳动岗位配备工人

（1）按照循环内各工序的工作量和企业制定的相关工种劳动定额，计算各工种需要的人数或工时数。

（2）对于那些没有劳动定额的工种，可以按岗位配置人数，如采煤机司机、输送机司机、机电维修人员、安全员等。

7.2.4.2 确定劳动作业组织

采煤工作面的劳动作业组织有专业工作队和综合工作队两种。

（1）专业工作队由相关专业的专业工种人员组成，共同完成某道工序作业，如爆破采煤的爆破作业组、支护作业组、回柱放顶作业组等。这种形式的劳动作业组，专业分工明确，技术熟练，但在工作量不多的情况下，容易造成窝工现象。

（2）综合工作队即把不同工种的工人组织在一起，共同完成某一段范围内的数道工序。如普通机械化采煤的采支作业组，需要分别去完成挂梁支临时支护、清浮煤、铺网、推移输送机和支柱等工序的作业。这种形式的劳动作业组，其人员是一专多能，相互之间的配合协作关系密切，但操作作业的专业程度不够精细。

安排劳动作业组织时应注意处理好的问题：把主要工序的人员安排作为整个工作队的核心，比如对采煤、支柱、推移输送机、回柱、爆破五大工序配备较强的骨干力量，带动其他工序，特别要注意配备好小组长；注意各工种或作业组的工人队伍结构的合理搭配，注意各种技术水平的工人要相互搭配，老中青合理搭配。

7.2.4.3 劳动组织的作业形式

劳动组织形式就是工人在劳动过程中的分工协作形式。采煤工作面的劳动组织形式可分为下列几种：

（1）炮采工作面的劳动组织形式。炮采工作面多采用专业和综合工种相结合的分段作业形式。除钻眼、爆破、机电维护、推移输送机等工序由专人负责外，其他工种分为若干小组，每一个小组完成一个分段的采支任务。一般按照工作面长度、实际出勤人数、顶板及设备条件等因素确定工作面分段的长度。

（2）普采工作面的劳动组织形式。

1）专业工种追机作业。采用这种劳动形式时，应组织挂梁、装煤、推移输送机、支柱、回柱放顶（支、回柱可合为一组）等专业组。各专业组在采煤机后，随割煤顺序进行工作。

这种组织形式的优点是工种之间分工明确，便于实现工种岗位责任制。它能适应采煤机的工作特点，人力集中，正常情况下，采煤工效较高。其缺点是分工过细，追机作业劳动强度较大；由于所有工种都要在割煤后才能顺序工作，故在采煤机进刀打回头时，会有部分工种窝工，而当割煤较快，挂梁和支柱跟不上时，必将限制采煤机的割煤速度。

追机作业一般适用于工作面长度和采煤机截深较大、单向采煤、每班进刀次数少、顶板稳定、采高较大、采煤队管理水平较高的情况。

2）综合工种分段作业。采用这种劳动组织形式时，除采煤机正副司机、推移输送机工、机电工、油泵工、做切口工和钻眼爆破工等为专职工种外，将工作面分为几段，工作面采支工分若干工作小组。各小组在本段内完成挂梁、清浮煤、支柱、回柱、铺网等项工作。一般情况下每小组有两人。分段长度主要取决于工作条件难易程度及出勤人数的多少，一段为 15~20m。

这种劳动组织形式优点是：劳动强度较均衡；能实行"三定"（定地点、定工作量、定人员），较易保证工程质量，便于现场检查和管理；有利于工人掌握本段内顶板变化规律，及时支护，实现安全生产；便于培养一职多能的工人；工序、工种的时间协作好。其缺点是当采煤机进入本段，工人工作量集中、工作面过长时要占用较多的人力易造成窝工；各分段收工时间不一致；当煤层局部变化时，该分段工作量显著增加，影响采煤顺利进行。

在工作面不太长、截深 0.6m 左右、双向割煤、班进多刀、顶板破碎、采准平行作业及出勤人数较多时，这种组织形式应用得较多。

3）分段接力追机作业。这种劳动组织形式是把采支工每两人分为一组，每组一次负责长约 6m 一段范围的采支工作，完成一段工作后，再追机进行另一段的采支工作。这样几组轮流接力前进，既能缓和劳动集中程度，又能充分利用工时，必要时便于调集力量处理事故。

分段接力追机作业方式，宜在工作面较长的条件下采用。

（3）综采工作面的劳动组织形式。基本上与普采工作面相同，也可分为专业工种追机作业、综合工种分段作业及分段接力追机作业等三种。一般多采用专业工种追机作业。采用这种组织形式时，随着采煤机前进，各专业工种顺序完成移架、推移输送机（或先推移输送机后拉架）、清扫浮煤、清理煤壁等工作。当顶板稳定、采煤普采煤速度较快时，可以采用综合工种分段作业或分段接力追机作业。

为保证综采工作面设备正常运转，一般设采煤机、工作面输送机、胶带输送机、支架、电气设备、泵站等包机组。包机组的成员仍是三个生产班的专业工种，他们除应完成每班的生产任务外，还应对设备进行日常维护和检查工作。

7.2.5 采煤工作循环图表

采煤工作面循环图表包括循环作业图、劳动组织表、技术经济指标表等部分。

7.2.5.1 循环作业图

循环作业图用来表示工作面内各工序在时间上与空间上的相互关系，通常采用坐标式图表。循环作业图的横坐标以 h（小时）为单位，反映一昼夜各轮班的工作时间；纵坐标则以 m（米）为单位，反映采煤工作面沿煤壁的工作位置。以规定的符号反映各个工序在时间和工作面空间上的安排及其相互之间的作业关系。

绘制循环作业图，应以工作面工艺技术过程及其工艺作业流程图为依据，根据所确定的各道工序作业时间、开工时间和结束时间，准确地反映出各工序的作业关系及其安排。

采煤工作面基本条件为：煤层倾角以倾斜及缓倾斜为主、煤层厚度以中厚煤层最为常见，所以选取煤层条件为倾斜中厚煤层，煤层倾角为 18°，煤层厚度为 2m，顶板中等稳定，工作面面长 160m，工艺方式确定用现场采用较广泛的普通机械化采煤工艺。

正规循环作业计划图实际上就是将采煤工作面内的各项生产活动，按照正规循环作业的基本要求，从时间上和空间上进行有条理的组织和安排，保证各工序按计划有条不紊地保质保量按时完成任务。这样在正规循环作业计划图中，横向表示工作面内各工序进行的时间，纵向表示各工序在工作面内空间上的位置关系。

在横向时间的一天 24h 中，根据作业班制的不同需划分到各班进行班内的劳动组织。普通机械化采煤工作面的作业班制通常为"三八"作业制，即一天的作业时间分为早、中、晚三个班，每个作业班的时间为 8h。这样在横向划分的三班为：早班 6 时到 14 时、中班 14 时到 22 时、晚班 22 时到次日 6 时，且每 2 个小时标一个时间坐标点。纵向 160m 工作面的面长空间自下而上每 10m 标注一个坐标点。需要注意，采煤机切割的煤壁长度不是 160m，普通机械化采煤工作面的单滚筒采煤机需要在工作面两端由人工做切口，我们选下切口 4m，上切口 8m，并把切口位置标出。如图 7-2 所示。

在每一班内的劳动组织形式选择专业工种与综合工种相结合的分段作业。普通机械化采煤工作面的落煤与装煤由采煤机完成，采煤机司机为特殊工种，需持证上岗，设为专业工种，负责全面的落煤与装煤工作，其他工种设为综合工种，工作面全长分成各小段，每段 20m，每段内设 2~3 名综合工种，共同完成段内的各项工作。在循环作业图上用水平虚线将段与段分开，为画后续的工艺线作出边界，如图 7-3 所示。

结合本工作面的具体条件，工作面内的工艺过程（工序安排）为上行割顶煤、下行割底煤往返一次进一刀，即：采煤机自下切口，滚筒在高位沿顶板割顶煤，随机挂铰接顶梁，运行至上切口降摇臂、翻转挡煤板，然后沿底板割底煤，随机推移运输机后立即支柱，至下切口，并完成割三角煤进刀，为下个循环做准备。同时在各段内完成回柱及其他工作。

工艺过程的绘制是循环作业计划图中最为重要也是难度最大的部分，每条工艺线的起点、终点的确定是关键。

采煤机上行割顶煤工序的起点不在工作面的最下端，也不在下切口，而是在上一个循环结束为下一个循环完成斜切进刀后的位置，即距工作面下端 20m 处。采煤机割煤的运行

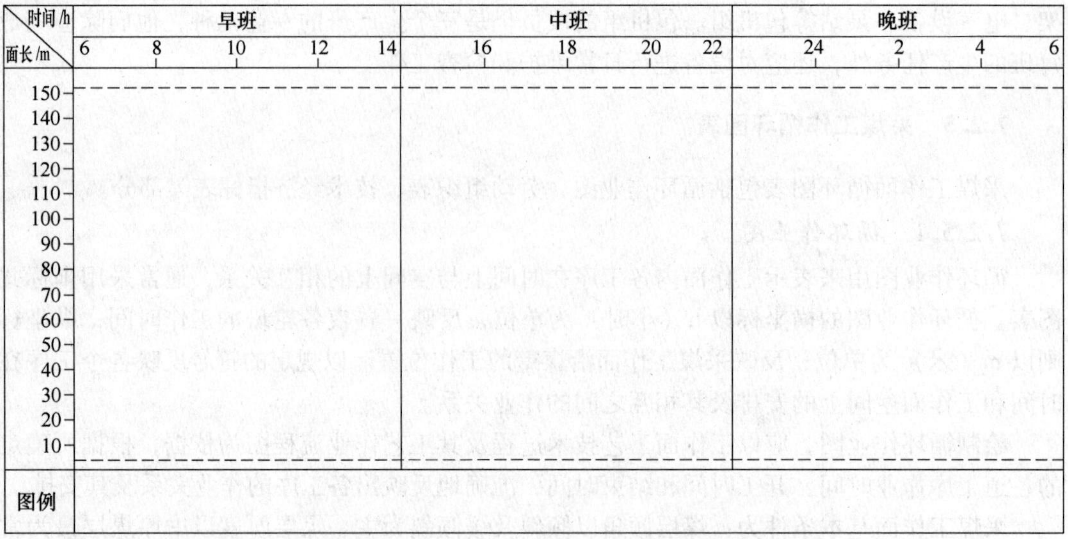
时间/h
面长/m
早班
中班
晚班
6 8 10 12 14 16 18 20 22 24 2 4 6
150 140 130 120 110 100 90 80 70 60 50 40 30 20 10
图例

图 7-2 工作面作业班“三八”作业制

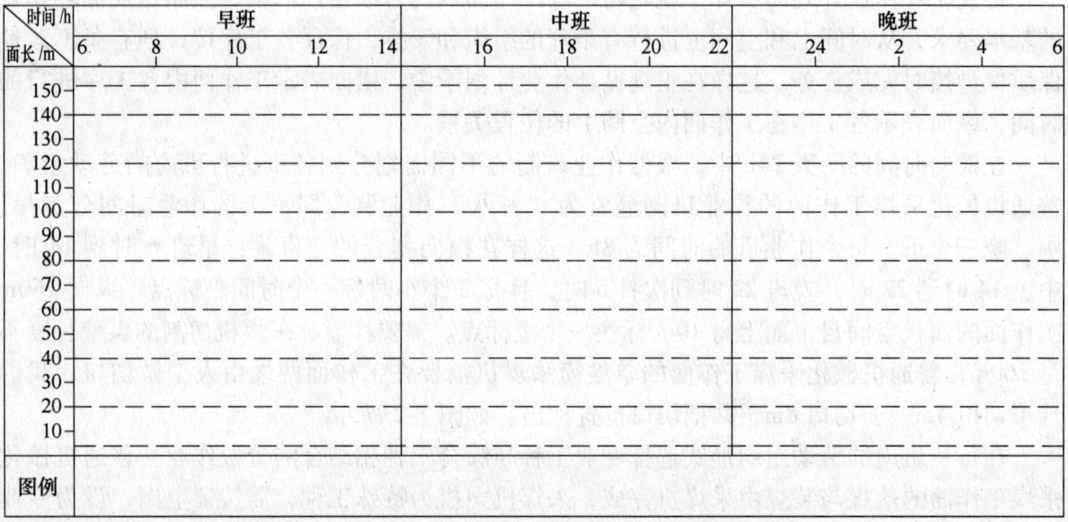
时间/h
面长/m
早班
中班
晚班
6 8 10 12 14 16 18 20 22 24 2 4 6
150 140 130 120 110 100 90 80 70 60 50 40 30 20 10
图例

图 7-3 选择专业与综合工种相结合的分段作业

速度在理想情况下一般为 2~3m/min，从工作面下端运行到上端用时在 60~80min，考虑割煤过程出现的一些其他情况引起的速度下降，采煤机从工作面下端运行到上端大约需用 2h，采煤机割顶煤结束的地点在上切口的下边沿，由此确定出割顶煤工艺线的终点。紧随采煤机割顶煤的工序为挂铰接顶梁，从维护顶板的角度考虑，落煤后立即挂铰接顶梁比较有利，但这时采煤机滚筒的旋转会抛起煤块，从工作的安全出发，挂铰接顶梁应该落后采煤机割顶煤 5m，但不应超过 15m，由此确定出挂铰接顶梁工艺线，上行工序完成，如图 7-4 所示。

采煤机在下行割底煤之前需要边旋转滚筒边降摇臂，使滚筒靠近底板，并翻转挡煤板，这些工作需 10min 左右时间完成，然后采煤机沿底板下行割底煤，工艺线的起点为上

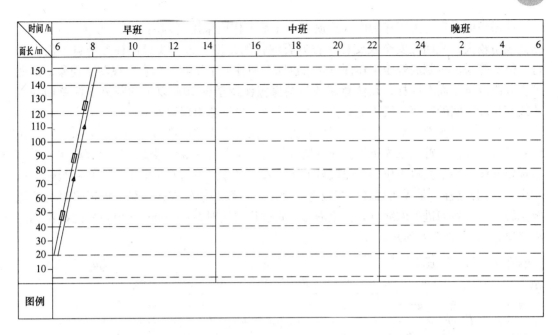

图 7-4 挂铰接顶梁工艺线

切口的下边沿，终点为 2h 后下切口的上边沿。为及时有效地支护顶板，采煤机割完底煤需把刮板输送机推移至煤壁，并在铰接顶梁下打好支柱。移输送机工序的起点应在工作面的最上端，而不是下行割煤的起点，这一点需特别注意。移输送机工序与采煤机下行割底煤工序在时间及空间上的关系，因刮板输送机的弯曲度不能太大，其弯曲段的长度不能小于 15m，所以移输送机工序要落后采煤机下行割底煤工序至少 15m，在时间相差 7 ~ 10min。而支柱工序要求在移输送机后立即进行。三道工序依次向工作面下端推进，而移输送机和支柱工艺线的终点要在距工作面下端 20m 处，下行工序完成，如图 7-5 所示。

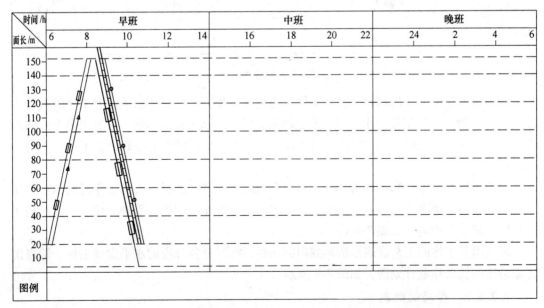

图 7-5 移输送机和支柱工序

此循环的最后一道工序为回柱放顶工序（本工作面采用见四回一的控顶方式），因工作面倾角较大，从回柱安全及支柱不被矸石埋住的角度考虑，要求回柱方向自下而上进行，但要等采煤机割底煤至工作面下端后再向上回柱，工作面上部会出现窝工现象，因此可在分段内自下而上回柱，须注意回柱与割煤应保持至少 20m 以上的距离（注意回柱工艺线段与段之间的衔接，既不能有位置上的重叠，也不能出现缺失）。

同时，在工作面下端，采煤机司机要为下一循环完成端部进刀。端部进刀采用割三角煤斜切进刀方式，首先采煤机沿刮板输送机的弯曲段上行，滚筒沿煤层顶板逐渐切入煤壁至规定截深，将刮板输送机的弯曲段自上而下移直（注意不可自下而上，防止刮板输送机起拱），打齐支柱，采煤机翻转挡煤板下行割掉三角煤并挂好铰接顶梁，再把采煤机挡煤板翻转上行至斜切进刀的终点，完成进刀。此过程需用时 50 ~ 80min（由司机的操作熟练程度决定），如图7-6 所示。

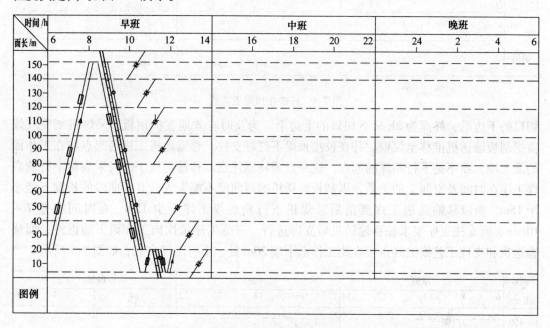

图7-6　回柱放顶工序

在完成各主要工序的同时，在上下切口内避开主要工序（以不影响主要工序的进行为原则）完成做切口的工作。由于在本班之内再完成一个循环时间不够，可利用剩余时间对设备进行检修、对工程质量进行检查等工作，并为下一个班的生产做好准备工作，如图7-7 所示。

由于当班完成了检修及准备工作，不设专门的准备班，这样一天的工作时间内可采用三班生产、边采边准作业形式。各班工作内容相同，工作量均匀，管理方便。二、三班工艺线与一班完全相同，如图7-8 所示。

将表示各工序的工艺线表示法画到图例一栏，将区分各分段的水平虚线去掉，即得出完整清晰的循环作业计划图，如图7-9 所示。

7.2.5.2　劳动组织表

对应于循环作业图，工作面人员的配备，用劳动组织表来表示。在劳动组织表中，应

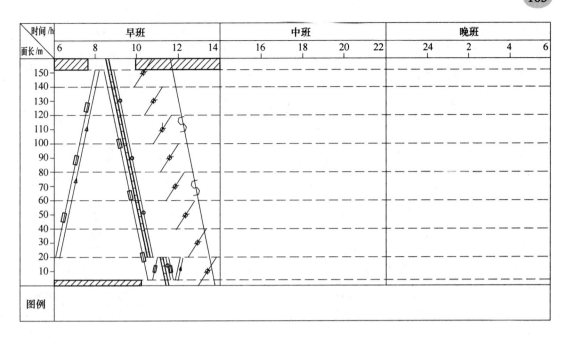

图 7-7 上下口内避开主要工序

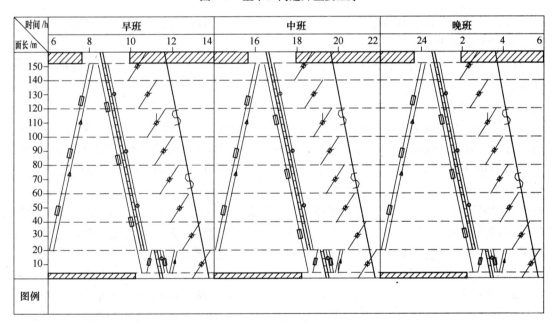

图 7-8 三班生产边采边准作业

表明各个轮班应出勤的工种、岗位及其人数,工种作业时间、循环出勤的总人数等。

7.2.5.3 技术经济指标表

采煤工作面技术经济指标表,简要指明采煤工作面的工作条件和应获得的技术经济效果。该表包括的主要指标有:

(1) 采煤工作面的地质条件。煤层的厚度(总厚度及可采厚度)、倾角、密度等。

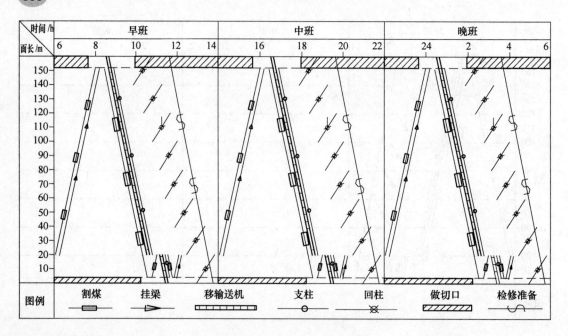

图 7-9 循环作业计划图

（2）采煤工作面的技术条件。工作面长度、采高、循环进尺、支架布置方式、移架方式、采空区处理方法等。

（3）采煤工作面装备条件。采煤机、支架、输送机、转载机等主要设备的型号及性能。

（4）循环工作组织。循环方式，昼夜出勤人数。

（5）生产与经济效果。循环产量，日产量，月产量，采煤效率；坑木、金属支柱、炸药、雷管、油脂、截齿等材料每万吨产煤量的消耗量，采煤工作面吨煤直接成本等。

图 7-10 为某普采工作面循环作业图表实例。该工作面长 150m，所采煤层厚度 2m，倾角 7°~11°，用 MD-200W 型滚筒采煤机采煤。由于顶板上 0.2~0.3 处有厚 0.3m 的砂岩夹石层，故采用底刀单向割煤，上行割底煤，顶煤及夹石放压炮崩落，下行装煤。顶板为厚5m 的石灰岩，用齐梁直线柱支护，实行"四、五"排控顶，无密集放顶，全部垮落法处理采空区。采用追机作业，三班出煤，边采边准，日进三循环。

图 7-11 为综采工作面的循环作业图表实例。该工作面长 180m，煤层倾角 4°~6°，采高 3m。顶板为砂页岩、砂岩，易冒落。工作面采用双滚筒采煤机，重型可弯曲刮板输送机和支撑掩护式液压支架，进行双向割煤。作业形式为四班交叉作业，三班采煤，一班检修，班进二刀，日进六刀（六循环）。

7.2.6 采煤工作面正规循环作业组织设计实例

7.2.6.1 倾斜、缓斜煤层炮采工作面正规循环作业组织实例

A 地质条件

煤层倾角 12°~18°，平均 15°；煤层厚度 1.9~2.1m，平均 2.0m；煤层平均视密度1.40t/m³；煤质中硬，没有夹矸；直接顶顶板岩石属二类顶板，为中等垮落性顶板，顶压

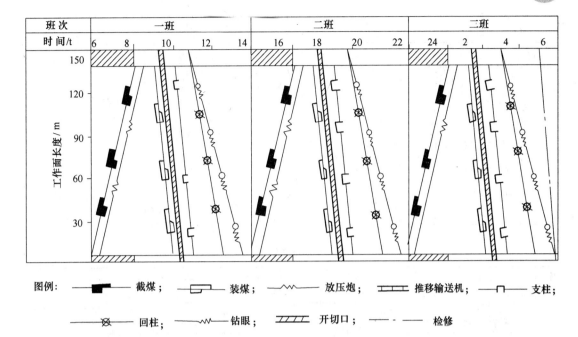

图例： ■■ 截煤； ◻ 装煤； ～～ 放压炮； ▱ 推移输送机； ◻ 支柱；

⊗ 回柱； ～ 钻眼； ▨ 开切口； ─ 检修

劳动组织表

工 种	班次			合计	一班					二班				三班			
	一	二	三		6	8	10	12	14	16	18	20	22	24	2	4	6
司机	2	2	2	6													
装煤工	4	4	4	12													
推移输送机	3	3	3	9													
支柱工	4	4	4	12													
回柱工	6	6	6	18													
开切口工	5	5	5	15													
钻眼工	2	2	2	2													
爆破工	1	1	1	3													
开溜工	1	1	1	3													
维修工	2	2	2	2													
班长	1	1	1	3													
合 计	31	31	31	93													

图 7-10　普采工作面循环作业图表实例

较大，并具有滑动趋势。

B　技术条件

工作面平均长度 120m；工作面平均开采高度 2.0m；钻眼爆破落煤；工作面运输采用 SGW-44 可弯曲刮板输送机 1 台，小时运输能力为 150t；运输平巷运输采用 SGW-44 可弯曲输送机 3 台；爆破装煤率，靠近输送机为 60%，其余为 30%；工作面支护密度为每平方米支柱 1.5~2.0 根；顶板最大允许控顶距 5m，采用单排密集切顶，全部垮落法管理顶板；计划产量要求能达到 500t/d 以上；劳动定额如表 7-1 所示。

根据上述条件设计采煤工作面循环工作组织。

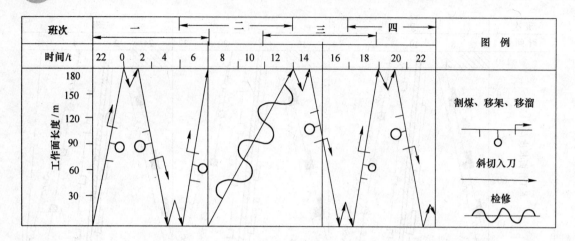

图 7-11　综采工作面循环作业图表实例

表 7-1　某煤矿的采煤工作面劳动定额

工序	钻眼	人工装煤		支架	支密集支柱	回柱	移输送机	运料		移机头	移机尾
		<1m	>1m					柱	梁		
单位	m/工	t/工	t/工	根/工	根/工	m/工	节/工	根/工	根/工	台/工	台/工
定额	105	12	9	10	75	80	18	70	140	1	5
定额完成数	1.20	1.00	1.00	1.10	1.00	1.10	1.00	1.05	1.05	1.00	1.00

C　确定循环要素

确定循环进度 $l_{循}$。

(1) 该工作面采用"三五"排支护，一次放顶跨度为 2 排，$l_{循} \leqslant 2.0\text{m}$。

(2) 运输能力允许值：

$$l_{循} \leqslant \frac{gte}{Lm\rho c}$$

式中　　t——一个循环输送机工作时间，8h 或 16h；

　　　　e——采面工时利用率，可达 $0.8 \sim 0.9$，输送机还受其他一些因素影响，故可取 0.7；

   c——工作面采出率，中厚煤层取 0.95；

   g——输送机小时运输能力，t/h。

若 $t = 8h$，则

$$l_{循} \leqslant \frac{150 \times 80.7}{120 \times 2.0 \times 1.4 \times 0.95} = 2.63m$$

若 $t = 16h$，则

$$l_{循} \leqslant 5.26m$$

（3）循环进度 $l_{循} \leqslant 2.0m$，考虑分二次落煤，则一次落煤进度 $b = 1m$。

（4）估算采煤工作面产量。

已知

$$l_{循} \geqslant \frac{Q}{Lm\rho ckn}$$

若 k 取 0.90，则

$$l_{循} \geqslant \frac{500}{120 \times 0.95 \times 2 \times 1.4 \times 0.9n} = \frac{1.75}{n}m$$

当昼夜循环次数 $n = 1$，则：$l_{循} \geqslant 1.75m$

当昼夜循环次数 $n = 2$，则：$l_{循} \geqslant 0.88m$

综合分析，确定该工作面的循环进度：$l_{循} = 2m$

D 确定循环工序及计算工序的工作量

（1）确定工作面循环工序。

1）其本工序：钻眼、装药、爆破、人工装煤、运煤；

2）辅助工序：支护、拆移输送机、支密集支柱、回柱放顶、设备维修；

3）服务工序：运料。

（2）计算各工序工作量。

1）钻眼：

$$V_{钻眼} = \frac{LMan}{X}$$

式中 X——炮眼间距，m；

   M——炮眼排数；

   a——炮眼深度，m；

   n——一个循环内钻眼的次数；

   L——工作面长度，m。

  煤层中硬，无夹石，采高 2m；炮眼间距取 1.2m，采用双排对眼布置方式，排距取 1m，炮眼与煤层平面夹角为 60°，炮眼利用率 $K_{眼} = 0.88$，则炮眼深度：

$$a = \frac{b}{K_{眼} \sin\alpha} = \frac{1}{0.88\sin 60°} = 1.30m$$

式中 b——工作面爆破进度，m。

  则

$$V_{钻眼} = \frac{120}{1.2} \times 2 \times 1.30 \times 2 = 520m$$

 2）人工装煤：

$$V_{装煤} = blM\rho cf$$

式中 f——人工装煤率。当输送机靠近煤帮时，则 $f = 1 - 60\% = 40\%$；当输送机远离煤帮时，则 $f = 1 - 30\% = 70\%$ 。

第一次爆破人工装煤量：

$$V_{装煤} = 1 \times 120 \times 2.0 \times 1.4 \times 0.95 \times 0.4 = 128t$$

第二次爆破人工装煤量：

$$V_{装煤} = 1 \times 120 \times 2.0 \times 1.4 \times 0.95 \times 0.7 = 223t$$

3）支架：

$$V_{架} = j\left(\frac{L}{d_{柱}} + 1\right)$$

式中　j——沿走向架设棚子数，架；

　　$d_{柱}$——柱距，1m。

$$V_{架} = 2 \times \left(\frac{120}{1} + 1\right) = 242 架$$

4）输送机运煤：

输送机运煤，为两次爆破后的总煤量，即循环产量：

$$V_{运} = L_{循} \, ml\rho c = 2 \times 2 \times 120 \times 1.4 \times 0.95 = 638t$$

5）移置输送机：

$$V_{槽} = L - (L_{头} + L_{尾})$$

式中　$L_{头}$——输送机机头长度，m，SGW-44 型输送机 $L_{头} = 2.310m$；

　　$L_{尾}$——输送机机尾长度，m，SGW-44 型输送机 $L_{尾} = 1.738m$。

$$V_{槽} = 120 - 1 \times (2.31 + 1.74) = 116m$$

此外，每循环还需移平巷输送机。

6）密集支柱：

$$V_{密} = \frac{L}{l_{密} + l_{口}} \cdot \frac{l_{密}}{d_{柱}} \cdot N_{柱}$$

式中　$l_{密}$——每段密集的长度，m；

　　$l_{口}$——安全出口长度，m；

　　$d_{柱}$——柱距，m；

　　$N_{柱}$——每空补支密集支柱数，根。

7）回柱（梁）：

$$V_{密} = \frac{120}{4+1} \times \frac{4}{1} \times 3 = 288 根$$

$$V_{回柱} = V_{密} + V_{支柱}$$

$$V_{运柱} = V_{柱} \times (1 - E_{柱})$$

式中　$V_{密}$——每循环回密集支柱数，根；

　　$V_{支柱}$——每循环须回基本柱数，根。

每循环支护棚子 242 架，一梁二柱。

$$V_{回柱} = 288 + 242 \times 2 = 772 根$$

$$V_{回梁} = 242 根$$

运料：

$$V_{运柱} = V_{柱} \times (1 - E_{柱})$$
$$V_{运梁} = V_{梁} \times (1 - E_{梁})$$

式中　$E_{柱}$——支柱回收复用率；

　　　$E_{梁}$——梁回收复用率。

$$V_{运柱} = 772 \times (1 - 0.8) = 155 \text{ 根}$$
$$V_{运梁} = 242 \times (1 - 0.6) = 97 \text{ 根}$$

E　确定循环时间及循环形式

循环时间包括采煤与准备时间。炮采工作面采煤工艺的主要工序是人工装煤和支架。准备工艺主要工序有移置输送机、回柱和放顶。因此循环时间是以上几个主要工序延续时间之和，其他工序如钻眼、支密集支柱、运料等，都可与主要工序组织平行作业。

本例为两次落煤，每一次落煤时人工装煤量 128t，支架工作量为 121 架，第二次落煤人工装煤量 223t，支架工作量为 121 架。这些工作量宜于在两个班内分别完成。循环内准备工序主要是移置输送机、支密集、回柱放顶三项工作，三项工作可以平行作业，宜安排在一个班内进行，根据上述分析，循环形式确定为单循环。

F　确定工作面作业制度

采煤工作面采用"三八"工作制度，两班采煤、一班准备的"二采一准"。

G　确定劳动组织

按各工种的工作量和劳动定额计算工种人数或工时数。

例如，钻眼工序的循环工作量为 520m，劳动定额为 105m/工，则钻眼工数为：

$$N_{钻眼} = \frac{520}{105 \times 1.2} = 4.13 \text{ 工}$$

按岗位定员的工种，如看溜工、爆破工、维修工等，根据需要进行配备。各工种配备如表 7-2 所示。

表 7-2　劳动力配备表

工种	执行工作	单位	循环工作量/V	作业定额/H	等额完成系数/K	计划效率	用人定额计算	实际用人	一班	二班	三班	合计
钻眼工	煤层钻眼	m	520	105	1.2	126	4.13	4	2		2	4
采支工	第一次爆破人工装煤	t	128	12	1.00	12	10.67	11	11			
	第二次爆破人工装煤	t	223	9	1.00	9	24.78	25		25		58
	支护一梁二柱棚子	架	242	10	1.10	11	22.0	22	11	11		
支柱工	摘支密集支柱	根	288	75	1.00	75	3.71	4			4	4
回柱工	回柱（梁）	根	1014	120	1.10	132	7.68	8			8	8
	绞车司机	台班	2				2	2			2	2
移溜头	移机头	台	1	1	1.00	1	1.00					
	移机尾	台	2	5	1.00	5	0.40	8			8	8
	移机身	m	117	18	1.05	18	6.5					

工种	执行工作	单位	循环工作量/V	作业定额/H	等额完成系数/K	计划效率	工作人班数				
							用人定额计算 实际用人	一班	二班	三班	合计
运料工	运柱	根	135	70	1.05	73.5	2.10	2	1		3
	运梁	根	97	140		147	0.66 3				
看溜工	看管输送机	台班	8				8	4	4		8
爆破工	装药填泥爆破						2	1		1	2
机电维修	机电维修						4	1	1	2	4
合计							101	32	42	27	101

根据工作面条件、工序内容及工作量情况的分析，采用"二采一准"作业制度和圆班工作队的形式。

H 组织正规循环作业

第一采煤班工作面全长已由准备班进行全线爆破。工人上班后主要是向输送机上装煤，同时进行支架；运料工由工作面上出口向下人送材料；钻眼工沿煤壁钻眼；爆破工随之装药，在本班结束时进行全线分段爆破，爆破时输送机必须开动。爆破落煤是为第二班准备好工作量。

第二采煤班开始的主要工作是向输送机上装煤，并支护第二排支架，人工装煤距离比第一班远，装煤工作量大，因此采支工配备比第一班要多。运料工运料、放料。

第三准备班推移输送机、支密集、放顶，分两段同时进行平行作业，推移输送机工要先行一步，以便提供空间提供材料。支密集应超前放顶回柱一段距离（应大于15~20m）。钻眼工、爆破工进行全线钻眼装药；机电维护工对四部输送机进行检查维护。班末进行全线分段爆破。回柱放顶是准备班的主导工序，必须保证按时完成。

循环工作安排可用图表绘出。绘制循环工作组织图表，先从主导工序开始，然后再安排其他工序，每一工序用特定的符号表示，按执行工序的空间及起止时间把各工种的工作进度反映出来。循环图表如图7-12所示。

I 主要技术经济指标的计算

（1）循环产量：

$$Q_循 = Ll_循 m\rho c = 120 \times 2 \times 2 \times 1.4 \times 0.95 = 638t$$

（2）日产量：

$$Q = nQ_循 K = 1 \times 638 \times 1 = 638t$$

（3）坑木消耗。

坑木查"材积表"直径16cm、长2.0m的每根支柱材积为0.046m³，则：

$$循环坑木消耗量 = 每循环补充梁柱数量 \times 材积$$
$$= 155 \times 0.046 = 7.130m^3$$

已知每循环两次落煤，每次落煤进度1m，支架一排，棚梁长度以1.4m为宜，则：

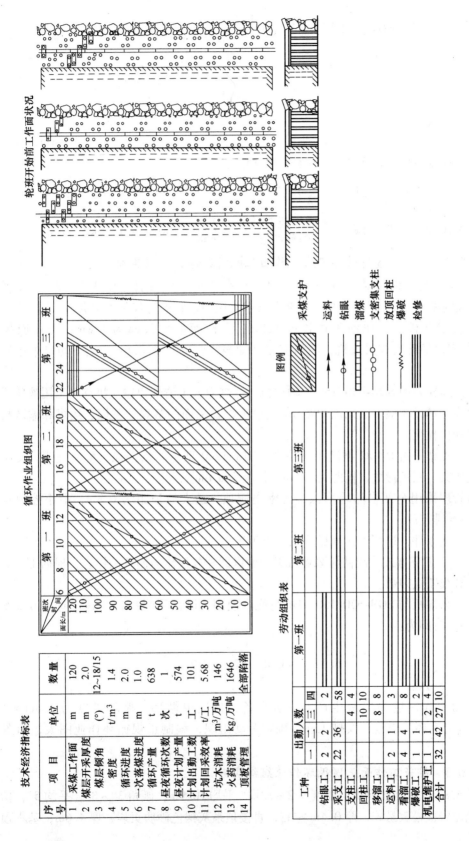

图 7-12　炮采工作面循环作业图表

$$循环坑木消耗量定额 = \frac{循环坑木消耗量}{循环产量} \times 10000$$

$$= \frac{7.130 + 2.173}{638} \times 10000$$

$$\approx 146 \text{m}^3 / 万吨$$

（4）炸药消耗。

工作面煤层中硬，采高 2.0m，炮眼采用双排对眼布置，间距 1.2m，排距 1m，顶眼装药 1.5 卷，底眼装药量 2.0 卷，每卷药量 0.15kg。

$$炸药消耗量 = \frac{120}{1.2} \times (1.5 + 2.0) \times 0.15 \times 2 = 105 \text{kg}$$

$$循环炸药消耗定额 = \frac{循环炸药消耗量}{循环产量} = \frac{105}{638} \times 10000 = 1646 \text{kg}/ 万吨$$

7.2.6.2　倾斜、缓斜煤层普采工作面正规循环作业组织实例

（1）自然地条件。煤层倾角 10°~25°（平均 20°）；煤层厚度 1.5~2.3m（平均 1.8m）；煤的密度 1.5t/m³；顶板为深灰色页岩，质硬，底板为灰色砂质页岩，质较硬。

（2）技术条件。工作面平均长度 120m；工作面平均采厚为 1.8m；工作面采用 MDY-150 型单摇臂滚筒采煤机，滚筒宽度（即截割深度）为 0.6m，上下切口采用钻眼爆破法。

工作面运输采用 SGB-630/150 型输送机，浮煤由人工清理，输送机移动采用液压千斤顶，在顶头外铺设 3 根，沿采面间距 6m 铺设 1 根。采面的落煤、装煤、运煤和输送机移动工序实现机械化。

工作面支架采用 DZ-22 型液压支柱和 HDJA-1200 型金属铰接顶梁配套使用，支架形式采用交错梁、三角形柱，排距为 1.2m，柱距为 0.6m。

顶板管理采用全部自然垮落法，无密集切顶，最大控顶距为 6.8m，最小控顶距为 4.2m，4~6 排控顶。

根据上述条件，进行工作面循环工作组织。

（3）确定循环方式。浅截深采煤机组一般以回柱放顶作为循环的标志，根据工作面条件，决定昼夜割煤刀数。

工作面采煤机与 SGB-630/150 型机组配合使用，因而采煤机牵引速度选择 0.875m/min，割一刀时间为：

$$T = \frac{L}{60VK} = \frac{120}{60 \times 0.875 \times 0.7} = 3.2 \text{h}$$

则每小班割 2 刀煤。

工作面工作制度为二班生产、一班准备，日进单循环。循环进度为 0.6m × 4 = 2.4m。确定循环工作量，安排工序，确定劳动组织，编制正规循环作业图表，如图 7-13 所示。

7.2.6.3　综采工作面正规循环作业组织实例

某矿 5282 综采工作面煤层厚度 9.2~12m，平均 10.9m；倾角 3°~8°，平均 5°；伪顶系灰褐色泥岩，松散易碎，厚 0.4m 左右，直接顶系灰褐色砂质页岩，厚 4.6m；基本顶系

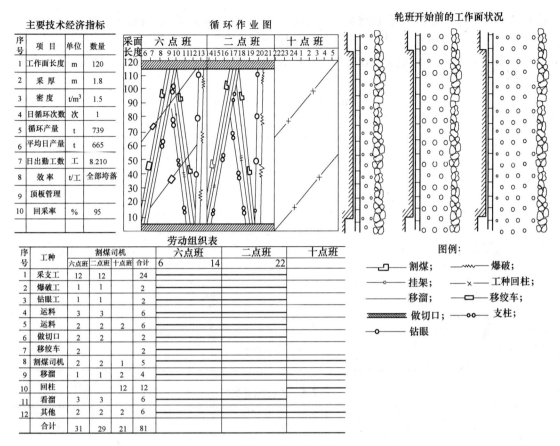

图 7-13　普采工作面循环作业图表

灰色细砂岩，成分以石英为主，厚 9.4m，岩性变化正常。采煤方法用长壁倾斜分层综合机械化采煤方法。现采第一分层，铺设金属网。机组割煤速度受综合因素的影响，取 2.5m/min，割一刀所需整个时间为 $60+40+30=130$min。采用 INJk 交叉作业，三班出煤，一班检修，生产班计划割三刀。每进一刀按 0.5m 计算，切割一刀煤量为：

$$0.5 \times 148 \times 2.8 \times 0.97 = 298t$$

日进 9 刀时，则日产量为：

$$298 \times 9 = 2682t$$

日进度 $= 0.5 \times 9 = 4.5$m

月产量 $= 2682 \times 30 = 80450t$

工作面长度为 148m，使用 EDW-300L，双滚筒采煤机，配备 EKF-3 型输送机与机组的弧形挡煤板，完成工作面落煤、装煤、运煤工作。机组割煤时，采高要严格控制在 2.8m 以下，要求工作面平直，不留伞檐，在地质变化及顶板破碎地带，要稍放慢速度，配合支护，推移输送机一定要在溜子运转时进行。工作面使用 G-3201.3/32 型掩护支架，整个工作面共安装 93 组，采取近机方式移架，割煤后要求立即支护，支架与顶板应保持直立状态，并与溜子保持垂直。移架过程中如片帮，要及时打开护帮板，将煤壁逼住。降柱移架时要调整好千斤顶，使顶梁与顶板保持平行，严防破坏顶网。在顶板稳定、无严重片帮的情况下，支架前梁距煤壁应保持 150～200mm 的距离。工作面下出口有 3 组支架，设有防下滑装置，铺网一律沿倾斜方向铺双层金属网，呈鱼鳞式，两网相错 0.6m，第一块与第二块网头应错开 2~3m，并应及时吊挂好，不得影响机组割煤。

根据以上条件，安排劳动组织及循环图表和计算各项技术经济指标，如表 7-3、表 7-4、图 7-14 所示。

表 7-3　各项技术经济指标

名　称	单　位	指　标	备　注
工作面走向长度	m	517	
面倾斜长度	m	148	
采高	m	2.8	
煤层倾角	(°)	5	
采煤方法	先采第一分层走向长壁分层综合机械化采煤，全部垮落法		"四六"制作业
顶板管理			
日进度	m	4.5	
循环产量	t	298	
作业形式	三采一准		
在册人数	人	95	
工作面效率	t/工日	28.3	

表 7-4　人员配备表

工种 ＼ 班次	一班	二班	三班	四班	小计
移架工	1	1	1		3
支架检修工	1	1	1	4	7
联网工	4	4	4		12
推移输送机工	4	4	4		12
机组司机	3	3	3	2	11
泵站司机	1	1	1	1	4
备件工	1	1	1	1	4
机电维修工	2	2	2		6
输送机司机	1	1	1		3
上下出口工	6	6	6		18
带式输送机司机	1	1	1		3
机电检修				4	4
班长	2	2	2	2	8
合计	27	27	27	14	95

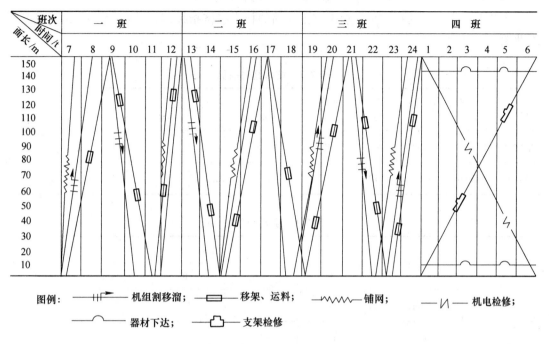

图例：⊢⊢▶ 机组割移溜；　▭ 移架、运料；　∿∿∿ 铺网；　⼁⼁ 机电检修；
⌒ 器材下达；　▭ 支架检修

图 7-14　综采工作面循环作业图

7.2.6.4　倾斜、缓斜厚煤层综采放顶煤正规循环作业组织实例

（1）地质条件。煤层倾角 3°~7°，平均 5°；煤层厚度 5.40~7.93m，平均 6.33m；煤层平均视密度为 1.35t/m³；直接顶为黑色页岩，厚度 0.55~3.5m，平均 1.72m。基本顶为灰色石灰岩和黑色钙质页岩互层，厚度为 10m 左右。直接顶为 2 类，基本顶为 2 级。

（2）技术条件。工作面长度 116m，平均采高为 6.33m，综采放顶煤一次采全高。

工作面主要设备配备：KGS-320/B 型双滚筒采煤机 1 台，PYBNIK-80P 型刮板输送机 1 部，SGB-630/150C 型后输送机 1 部，SJW-80T 型平巷转载机 1 部，DSP-100 型胶带输送机 2 部，XPB2B 型乳化液泵站 2 套，ZFS4400-16.5/26 型放顶煤支架 77 架，2TG6000-17.5/27 型高度支架 77 架。

（3）正规循环组织。该工作在采用综采放顶煤一次采全高采煤工艺。使用普通综采工艺回采厚煤层的底部煤层，采高为 2.4~2.6m。双滚筒采煤机沿底板割煤，斜切进刀，紧随采煤机移架。移架后，支架上方余下约 4m 厚的顶煤在矿山压力和自重的作用下，沿支架后切顶线位置冒落下来，利用支架的放顶煤机构，将冒落下来的顶煤装到支架后方的输送机内。

采煤工作面实行"四六"工作制，每班 6 小时，作业形式为三采一准，三班采煤，一班检修。循环方式为多循环，每个采煤班割煤两刀，完成两个循环，日完成六循环。采煤机割两刀煤放一茬顶煤，采用采煤机割煤和放顶煤平行作业的劳动组织。则班产量：

$$Q_{班} = Ll m \rho c = 116 \times 1.2 \times 6.33 \times 1.35 \times 0.95 = 1142t$$

日产量 $\qquad Q_日 = Q_班 \times 3 = 1142 \times 3 = 3426t$

表7-5、表7-6、图7-15分别为该工作面的技术经济指标表、劳动组织表和正规循环作业图。

表7-5　技术经济指标

指标	月产量 /t	日产量 /t	月推进度 /m	采煤工效 /t·工$^{-1}$	工作面 采出率/%	灰分 /%	含矸率 /%	块炭率 /%	坑木消耗 /m³·万吨$^{-1}$
平均值	91182	3050	80.7	39.3	82.5	20.3	8.9	41.5	2.4
最高值	140888	7121	120	57.8	93	23.2	11.9	52.5	8.0

表7-6　劳动组织表

序　号	工　种	定　员				
		一班	二班	三班	检修班	合计
1	班长	1	1	1	1	4
2	安全员	1	1	1	1	4
3	采煤司机	3	3	3	2	11
4	支架工	2	2	2	3	9
5	放煤工	2	2	2		6
6	清煤工	2	2	2		6
7	输送机司机	3	3	3		9
8	端头支护工	2	2	2	8	14
9	泵站工	1	1	1	1	4
10	电工	1	1	1	1	9
11	看工具工	1	1	1	1	4
12	记录工	1	1	1	1	4
13	下料工				6	6
14	材料工				1	1
15	设备管理				1	1
	合计	20	20	20	32	92

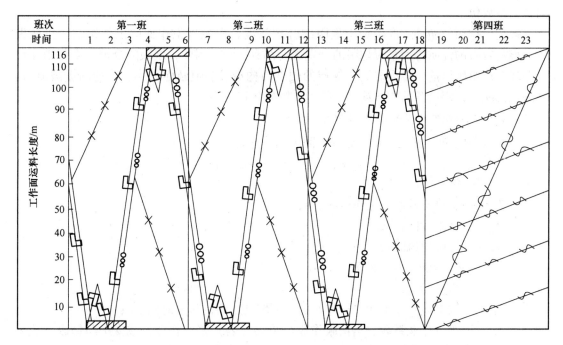

图例：　　──┌┐── 采煤机割煤；　　──×──×── 放顶煤；　　▨▨▨▨ 开切口；

　　　　　──○─○── 推移输送机、拉架；　　──〜〜── 工作面运料

图 7-15　综采放顶煤循环作业图

7.3　掘进工作面正规循环作业组织

7.3.1　掘进工作面正规循环作业的基本内容

同采煤工作面正规循环作业一样，组织掘进工作面正规循环作业必须要确定循环进度，安排好循环方式、作业形式和劳动组织。

7.3.1.1　循环进度

循环进度指在一个循环内掘进工作面向前推进的距离。以钻爆掘进法为例，其循环进度一般是指全断面一次爆破后，掘进工作面向前推进的距离：

$$L_{循} = \eta L_{眼} \tag{7-7}$$

式中　　$L_{循}$——掘进工作面循环进度，m；

　　　　$L_{眼}$——炮眼深度，m；

　　　　η——炮眼利用率。

在软或中硬岩中炮眼深度取 1.5～1.8m，在硬岩中则取 1.3～1.5m。煤及软岩中炮眼利用率为 0.95，中硬岩为 0.90，硬岩为 0.85。

当采用棚式支架支护巷道时，循环进度还应与支架间距相适应，循环进度应等于支架

间距的整数倍。

掘进工作面的循环进度决定于炮眼的合理深度，而掘进工作面的工作组织、机械设备、煤及岩石的性质等因素对炮眼的合理深度都有影响。因此，炮眼的合理深度应当在设计循环工作组织以前，根据岩石与煤层的硬度与构造、巷道断面大小、炸药的爆破能力、钻眼机械能力，用试验的方法或经验统计方法来加以确定。

7.3.1.2 循环时间和昼夜循环次数

（1）循环时间。掘进工作的循环时间可用下式计算：

$$T_{循} = T_{准} + \varphi_1 T_{钻} + T_{爆} + T_{装} + \varphi_2 T_{支} + T_{铺} \tag{7-8}$$

式中　　$T_{循}$——循环时间，h；

　　　　$T_{准}$——交接班及准备工作时间，h；

　　　　$T_{钻}$——钻眼时间，h；

　　　　$T_{爆}$——爆破通风时间，h；

　　　　$T_{装}$——装运煤（岩）时间，h；

　　　　$T_{支}$——支护时间，h；

　　　　$T_{铺}$——与上述工序不能平行作业的各项辅助工序的作业时间，h；

　φ_1，φ_2——平行作业系数。当钻眼作业与装煤（岩）平行作业，或支护与钻眼、装煤（岩）平行作业时，φ_1、φ_2 小于 1，顺序作业时等于 1。

上式中主要工序作业时间可用下列公式计算：

$$T_{钻} = \frac{Y l_{循}}{n_{钻} H_{钻} \eta} \tag{7-9}$$

$$T_{装} = \frac{l_{循} S K}{N_{装} P} \tag{7-10}$$

$$T_{支} = \frac{l_{循}}{L_{支} n_{支} H_{支}} \tag{7-11}$$

式中　　$l_{循}$——循环进度，m；

　　　　Y——工作面炮眼总数，个；

　　　　$n_{钻}$——工作面同时钻眼的钻机台数，台；

　　　　$H_{钻}$——每台钻机的有效平均钻速，m/min；

　　　　η——炮眼利用率；

　　　　S——巷道掘进断面积，m^2；

　　　　$N_{装}$——同时工作的装岩（煤）机台数，台；

　　　　P——装岩（煤）机小时生产能力，m^3/h；

　　　　K——岩石破碎后的碎胀系数，软煤 1.4，硬煤 1.5，软岩 1.6，中硬岩 1.8，硬岩 2.0；

　　　　$L_{支}$——棚式支护的支架间距，m；

　　　　$n_{支}$——同时工作的支架工人数，人；

　　　　$H_{支}$——支架工小时支架效率，架/工时。

由上述各道工序时间的计算看出，提高机械生产率、增加同时工作的设备台数、采用平行交叉作业，是缩短循环时间的主要措施。

（2）昼夜循环次数：

$$N = \frac{24}{T_循} \qquad\qquad (7-12)$$

式中　N——昼夜循环次数，取整数值。

　　根据计划的循环进尺，确定每天完成循环次数。掘进工作面循环方式有单循环（即昼夜完成 1 个循环，一般在大断面硐室施工适用），双循环（即昼夜完成 2 个循环，如岩巷掘进时两掘一喷、煤巷掘进时四班作业等适用）和多循环（即每昼夜完成 3 个以上循环，常适用于组织快速掘进，边掘边支，每班进 1 个循环，一天 3~4 个循环）。

7.3.1.3　作业方式

　　掘进工作面作业方式是指掘凿和支护两项作业的配合形式。掘凿主要工序是钻眼、爆破、装运煤矸和挖掘水沟等。支护主要工序有巷道全面维护、延长水管路、铺轨及移动运输设备等。主要的作业方式有以下两种：

　　（1）二掘一支。即两个班掘进，每班完成一次掘凿的全部工序，支护班完成两循环的全部支护工作。辅助工序在三班中统筹安排，以支护班为主。在实行"四六"作业制时，可改为三掘一支或二掘二支。

　　（2）边掘边支。即每班需完成掘凿和支护的全部工作，辅助工序在每班内适当安排。这种作业方式可以及时支护顶板，有利生产安全，可在支护简单的巷道施工中使用。

7.3.1.4　工序安排和劳动组织

　　掘进工作面的工序安排明确了各工种完成工作量的时间和空间顺序，以便安全地组织各道工序平行交叉作业，充分利用狭小的空间，缩短循环时间。根据条件和要求应首先配齐工种，再根据计划效率配够人员，然后科学合理地进行工序安排和人员调配，同时应注意以下要求：

　　（1）尽可能组织交叉平行作业。掘凿工作以钻眼和装运为中心安排其他工序的平行作业，支护工作以支架为中心安排其他工序平行作业，力求充分利用空间和时间，提高掘进速度。

　　（2）组织专业工种综合工作队。专业工种以某工序作业为主，有利于明确岗位责任，有利于工人钻研技术，提高操作水平。综合工作队则便于将各工种人员组织起来，统一指挥，合理安排、密切配合，保证各工序相互衔接，连续进行作业。

　　（3）坚持工种岗位责任制。巷道掘进时工种多，工序交叉频繁，要做到各工种、工序有条不紊，必须实行严格的工种岗位责任制，加强岗位责任制管理，以调动工人的积极性。因此要把每班人员按工作分小组，每班任务分配到小组，小组任务要落实到个人，每个岗位按作业图表要求，在规定时间内使用固定设备和工具完成规定的任务。

7.3.1.5　正规循环作业图表

　　一个完整的掘进正规循环作业图表应包括 7 个图表，即掘进工作计划图、工人出勤指示图、钻眼爆破工作说明图、巷道支架施工图、通风系统图、设备和工具一览表及技术经济指示表等。

7.3.2　掘进正规循环作业组织设计实例

　　某掘进巷道为半煤岩巷，采用卧底掘进；煤层厚度 1.2m，倾角 10°~15°，煤质中硬

$f = 1.5$，视密度 $1.38t/m^3$；底板岩石为泥质页岩，$f = 4$；巷道毛断面尺寸：高 2.5m、上宽 2.4m、下宽 3.2m、毛断面积 $7.0m^2$，其中煤层断面 $3.0m^2$，岩石断面 $4.0m^2$；采用梯形支架，支架间距为 0.8m，立柱和顶梁直径为 18cm，帮顶用木板背严；用煤电钻钻煤眼，凿岩机钻岩眼，煤眼利用率为 0.95、岩眼为 0.90；巷道内铺设一条轨道线路，采用 18kg/m 钢轨；人工装岩、装煤；月计划进尺为 130m。根据上述条件，编制掘进循环组织图表。

7.3.2.1 确定工作面工作制度

支架棚距为 0.8m，每循环支设 2 架棚，其循环进度为 1.6m。昼夜循环数为：

$$130 \div 30 \div 1.6 = 2.71 \text{ 个}$$

取整数，每昼夜应完成 3 个循环。

7.3.2.2 循环工序及工作量

（1）钻煤层眼。煤层炮眼数目用经验公式进行计算：

$$Y_煤 = 2.7 \sqrt{fS_1}$$

式中 f——普氏岩石系数；

     S_1——断面积，m^2；

     $Y_煤$——钻眼数目。

$$Y_煤 = 2.7 \sqrt{1.5 \times 3} = 5.72 \approx 6 \text{ 个}$$

炮眼排列采用 2 个掏槽眼、4 个周边眼，炮眼深度为：

$$L_{眼1} = l_循 \div K_眼$$

式中 $L_{眼1}$——煤层炮眼深度，m；

     $l_循$——循环深度，m；

     $K_眼$——炮眼利用系数。

$$L_{眼1} = \frac{1.6}{0.95} = 1.7m$$

掏槽眼加深 0.2m，则钻眼工作量为：

$$V_{煤眼} = 1.7 \times 4 + (1.7 + 0.2) \times 2 = 10.6m$$

（2）钻岩层眼。煤层爆破后，岩层增加一个自由面，上述经验理论公式用 0.7 系数进行修正：

$$Y_岩 = 2.7 \times 0.7 \sqrt{fS_2} = 2.7 \times 0.7 \sqrt{4 \times 4} = 7.66 \approx 8 \text{ 个}$$

$$L_{岩眼} = \frac{l_循}{K_眼} = \frac{1.6}{0.9} = 1.77 \approx 1.8m$$

$$V_{岩眼} = 1.8 \times 8 = 14.4m$$

（3）清理煤炭：

$$V_{清煤} = l_循 S_1 \rho$$

式中 S_1——煤层断面积，m^2；

     ρ——密度，t/m^3。

$$V_{清煤} = 1.6 \times 3 \times 1.38 = 6.6t$$

（4）清理岩石：

$$V_{清岩} = l_循 S_2 = 1.6 \times 4 = 6.4m^3$$

（5）架棚子：

$$V_架 = \frac{l_循}{d}$$

式中 d——棚距，m。

$$V_架 = \frac{1.6}{0.8} = 2 \text{架}$$

（6）临时轨道铺设。铺设轨长为 1.6m。

（7）装药、爆破、通风。以时间计工作量，煤岩爆破分别进行，煤层爆破使用毫秒雷管，掏槽眼与周边眼一次爆破。设每装一个炮眼平均用 3min，每次通风时间为 15min。

两次爆破及通风总时间 T 为：

$$T = 3 \times 6 + 3 \times 8 + 2 \times 15 = 72\text{min}$$

7.3.2.3 计算出勤工数

根据劳动定额按工作量多少计算出每道工序所需人数。例如，一个循环内钻煤眼总长度为 10.6m，查钻煤眼定额为 38.8 m/工日，定额完成系数 1.10。则：

计划劳动生产率 $= 38.8 \times 1.1 = 42.7\text{m/工日}$

钻煤眼所需工数 $= \dfrac{10.6}{42.7} = 0.248$ 工日

同样计算出其他工序计划出勤工数，如表 7-7 所示。

表 7-7 各工序计划出勤工数

工作程序	单位	循环工作量	等额	定额完成系数	计划劳动生产率	所需工数
钻煤眼	m	10.6	38.8	1.1	42.7	0.248
清理煤炭	t	6.6	8.6	1.1	9.46	0.698
钻岩眼	m	14.4	18.0	1.05	18.9	0.762
清理岩石	m³	6.4	3.5	1.0	3.5	1.829
支架	架	2	2.1	1.03	2.12	0.943
铺轨	m	1.6	3.26	1.12	3.65	0.438
合　计						4.918

7.3.2.4 编制循环工作组织图表

（1）掘进工作面计划图表。为缩短周期，在安排循环工作时，必须尽量推行平行交叉作业。在编制循环工作计划图表时，需计算各道工序实际所用人班数，由于有工艺性间断时间（爆破通风），所以在实际安排工作时，各道工序所用人班数，要小于表 7-7 所计算的人班数，其修正系数 K 为：

$$K = \frac{\text{循环全部时间} - \text{工艺性间断时间}}{\text{循环全部时间}}$$

即

$$K = \frac{480 - 72}{480} = 0.85$$

各工序实际进行时间如表7-8所示。

表7-8　各工序循环时间计算表

工　序	每循环人班数	修正系数	各工序实际延续时间/min
钻煤眼	0.248	0.85	$0.248 \times 8 \times 0.85 = 1.69h = 101$
清煤	0.698	0.85	$0.698 \times 8 \times 0.85 = 4.74h = 284$
钻岩眼	0.762	0.85	$0.762 \times 8 \times 0.85 = 5.18h = 311$
清岩	1.829	0.85	$1.829 \times 8 \times 0.85 = 12.44h = 746$
支架	0.943	0.85	$0.943 \times 8 \times 0.85 = 6.41h = 385$
铺设	0.438	0.85	$0.438 \times 8 \times 0.85 = 2.98h = 179$
合　计	4.918	0.85	$4.918 \times 8 \times 0.85 = 33.44h = 2006$

绘制循环计划图表时，可根据共同执行某一道工序或几道工序的人数及各项工序实际需要的人时数，确定执行这些工序的延续时间。如本例中4名工人共同执行钻煤眼及清理岩石两道工序，该两道工序共需847min，4人工作时，则所用的时间为：

$$847 \div 4 = 212min \approx 3.5h$$

同理可计算出其他工序的时间。

（2）工人出勤指示图表。按循环工作计划图表的安排，将劳动力的安排绘制成工人出勤指示图表，用以表明各班工人的出勤情况。

（3）编制钻眼爆破说明书。

（4）编制巷道支架说明书。

（5）编制技术经济指标表。

掘进循环工作图表如图7-16所示。

技术经济指标表

顺序	指标名称	顺序	顺序
1	煤/岩硬度	—	1.5/4
2	巷道毛断面	m²	3/4
3	支架距离	m	0.8
4	循环进度	m	1.6
5	昼夜循环次数	次	3
6	循环日进度	m	4.8
7	平均日进度	m	4.56
8	循环率	%	95.00
9	月计划进尺	m	136.8
10	掘进工效率	m/工	0.253

1. 木料梯形不完全棚子
2. 每循环支棚子二架
3. 材料规格：
支柱：2.5×18
梁：2.4×18m
背板：1.6×0.15×0.04m
4. 循环坑木消耗 0.937m³

单位：m

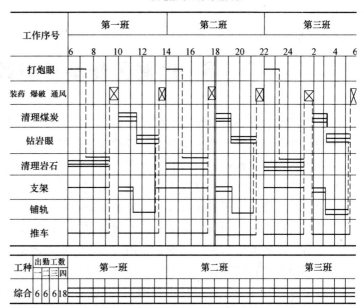

序号	项目	数量	
		煤层内	岩层内
1	每循环炮眼数	6	8
2	眼深度 /m	1.7, 1.9	1.8
3	每眼装药量		
4	炸药类型	硝铵	硝铵
5	炸药消耗		
6	雷管消耗		
7	炮眼利用系数	0.95	0.90
8	循环进尺 /m	1.6	1.6

图 7-16 掘进循环工作图表

复习思考题

(1) 什么是正规循环作业? 正规循环作业应该达到什么基本要求?

(2) 什么是循环方式?

(3) 循环进度与落煤进度之间关系如何?

8 采掘工作面设备管理

采掘工作面设备是指煤矿采掘工作面用于生产过程和管理工作中的机器和设施及其附属装置。如采掘机械、液压支架、刮板输送机、转载机、凿岩机等。这些机器和设施是现代化生产的物资技术基础，它们的状况直接关系着企业的经济效益和安全生产。设备管理就是对这些设备运转的全过程进行计划、组织、控制工作，也就是对设备的合理选择、有效使用、及时修理、更新改造等全过程的综合管理工作。设备运行过程存在两种形态，即设备的物质运动形态和价值运动形态，也就是设备的技术管理和经济管理两个方面。经济管理是指对设备的最初投资、维修费用、折旧、更新改造资金的筹集和运用以及设备的固定资产占用费的管理等；技术管理是从设备的购置、使用、维修、改造直至更新报废为止的全过程管理（本章主要讲技术管理），对设备运动全过程的两种形态实行全面管理，目的是既要充分发挥设备的效能，也要使设备运动发生的费用最经济。

设备管理的基本任务是正确贯彻执行党和国家的方针政策，通过采取一系列技术、经济、组织措施，对企业设备从购置直至报废全过程进行综合管理，以达到设备的寿命周期费用最低、设备综合效能最高的目标。具体说就是对设备要合理选购、正确使用、精心维护、科学检修、安全经济地运行和做好设备的更新改造工作。

8.1 采掘工作面设备管理的内容和要求

8.1.1 采掘设备管理的意义

随着矿井机械化程度的提高和采掘运输设备日趋大型化、自动化，设备的数量和投资以及动力、油脂和配件的消耗等在不断地增加，与设备有关的费用如折旧费、维修费、电费等在产品成本中的比重也不断地提高，同时矿井的产量、劳动效率等，在很大程度上受设备技术状况的影响。因此。加强设备管理是改善企业经营、提高企业经济效益的重要基础。

8.1.2 采掘设备管理的内容和要求

（1）设备的选择和评价。根据技术先进、经济合理的原则和生产的需要，正确地选择设备。同时要进行技术经济论证和评价，以选择最佳方案。

（2）合理正确地使用设备。

1）根据生产特点和生产任务合理配备设备。采掘各环节设备的能力要相适应，要避免设备的超载运转，同时要消除"大马拉小车"的欠载状态，以有效地发挥设备的生产效率。

2）严格按质量标准做好设备安装工作，安装后要经试运转合格后才能验收移交生产。

3）要为设备创造良好的工作环境，如良好的通风散热条件、整洁的环境、明亮的光线照明等。

4）配备合格的操作人员和维修人员。设备操作人员要经过培训取得合格证后方可上机操作，并要做到"三懂"、"四会"，即懂设备原理、懂设备构造、懂设备性能，会使用、会维修保养、会检查、会排除故障。

5）合理安排生产任务，避免设备的超载运转，保证设备的检修时间。

6）认真执行《煤矿安全规程》和设备操作规程，建立健全各种制度，如岗位责任制、专人专机制、包机制、交接班制、维护保养制、巡回检查制等。

（3）保证合理的检查维护周期。设备运行中要安排一定的保养时间和维修时间，避免"带病运转"。

（4）设备的日常管理。主要包括设备的分类、登记、编号、封存、报废、事故处理和技术资料管理等。根据设备类别进行登记，在设备分类编号的基础上，由设备管理部门填写"设备投产移交单"，交给使用单位验收。在移交验收的同时，使用单位和财务部门共同登记"固定资产卡"和"设备台账"，并定期复查核对。设备的变动、折旧等，均要在账册上反映出来。

加强设备技术资料的管理，建立设备档案，是做好设备管理的重要环节。设备档案一般包括：设备出厂检验单、设备到厂验收单、设备安装工程记录单、试车记录单，设备历次修理完工报告单和质量检验单、设备修理卡片、定期检查记录、设备的全套图纸和说明书及检修工艺文件等。设备档案是保证设备正确地使用、检查和维护修理的重要依据。通过对设备技术资料的分析，可以掌握设备的技术状况和零部件磨损的程度，从而制定出切合实际的检查修理计划，预防设备事故的发生。

（5）做好设备的保养。通过对设备进行维护保养可及时了解设备的磨损情况，改善设备使用状况，减少非正常磨损，保证设备正常运行。设备日常维护保养的工作内容主要是润滑、紧固、调整、清洁、防腐等。根据维护保养工作量的大小和难易程度，维护保养工作划分为：

1）日常保养。重点是进行清洗、润滑、紧固螺丝、检查零部件的状况。它是设备维护保养工作的总称，这是一种不占设备工时的经常性的例行维护保养；

2）一级保养。是指除进行清洗、润滑、紧固螺丝、检查零部件外，还要部分地进行调整；

3）二级保养。主要是进行内部清洗、润滑、局部解体检查和调整；

4）三级保养。对设备主体部分进行解体检查和调整工作，同时更换一些零部件，并对主要零部件的磨损状况进行测量、鉴定。

采掘设备一般只进行日常保养，它是以操作人员为主，每班、每天例行，内容包括班前班后擦拭、注油、换截齿、检查运转是否正常，有无异声、漏油、漏水、漏气、松动等现象。加强润滑管理，严格执行润滑"五定"（定人、定点、定质、定量、定时）制度，每台设备应建立润滑卡片。

（6）做好采掘设备的检修。采掘设备是煤矿生产的关键设备，应严格按照《煤矿安全规程》和国家颁发的有关规定进行使用，并定期检测和维修。

（7）设备的改造与更新。根据企业生产经营的规模，产品品种和质量以及发展新产品、改造老产品的需要，有计划、有重点地对现有设备进行改造和更新。

（8）设备缺陷的处理。

1）设备发生缺陷，岗位操作和维护人员能排除的应立即排除，并在日志中详细记录；

2）岗位操作人员无力排除的设备缺陷要详细记录并逐级上报，同时精心操作，加强观察，注意缺陷发展；

3）未能及时排除的设备缺陷，必须在每天生产调度会上研究决定如何处理；

4）在安排处理每项缺陷前，必须有相应的措施，明确专人负责，防止缺陷扩大。

（9）设备管理工作评价指标。目前煤矿企业对设备管理工作的评价指标有设备的完好率、待修率和事故率。煤矿机电专业安全质量标准化规定：一级标准的要求是设备完好率不小于90%，待修率不大于5%，事故率不大于1%。

8.2　采掘工作面设备的检修

8.2.1　检修的分类

8.2.1.1　设备检查的分类

设备的检查是对设备的运行情况、工作性能、安全性能、磨损程度、腐蚀情况等进行检查、试验和校验，以便掌握设备的技术状况，及时查明和消除设备的隐患，提出改进维护保养工作的措施，为设备的修理做好准备工作。它包括设备到货检查、预防维修检查、修后验收检查、设备保管期内的一切检查。

（1）按检查时间的间隔分类。

1）定期检查。按规定的检查周期，由维修工对设备性能和精度进行全面检查和测量。发现的问题除当时能调整解决外，均应做好记录，作为制定检修计划的依据。

2）日常检查。操作工人每天（班）对设备进行使用维护是一项重要工作，其目的是及时发现设备运行前及其运行过程中的不正常情况并予以排除。矿井采煤工作面设备的日常检查，由于其特定的使用环境和要求，除交接班检查外，每日还需专门安排4h以上的检修时间。

（2）按检修的方法分类。

1）设备点检。为了维持设备所规定的性能，按照设备的规定部位，通过人的五官和监测仪器，判别有无异状或性能是否良好，根据规定标准使设备异状和劣化性能早期发现，早期预防，早期治疗。日常点检是以人的五官为主进行检查，而定期点检则除了以人的五官检查外还要用仪器测定。此外，两者的检查标准和检查周期以及执行人员也不同。

2）状态检查。对维修对象（项目）的基本情况尚不清楚时，通过检查或试验加以探索，查明是否存在潜在故障及其特点，找出可以防止发生故障的维修方式。

8.2.1.2　设备修理分类

维护保养能防止设备过早地损坏，但不能消除设备的正常磨损，当磨损到一定程度必须及时修理，否则会缩短其寿命。设备修理的实质是对设备物质磨损的局部补偿。通过对设备的磨损和损坏部分的修复，恢复设备的技术性能。按修理的性质可分为事后修理和预防性计划修理。

（1）事后修理。指对设备故障进行的非计划修理。

（2）预防性计划修理。指根据设备的日常检查、定期检查得到的设备技术状态信息，在设备发生故障前安排的计划修理。计划修理按修理的内容和工作量，可分为：

1）大修理。大修理是对设备进行全面修理，将设备全部拆卸分解进行检修，更换或修复所有已丧失工作性能的主要部件或零件（主要更换件一般达30%以上），外观要求全部打光和喷漆。大修后的设备要恢复原有精度、性能和生产效率，达到设备出厂标准。大修完毕要进行试车、检查验收，并办理移交验收手续。

2）中修理。中修理是对设备进行部分解体、修理或更换部分主要零件和基准件（主要更换件一般为10%~30%），同时要检查整修机械系统，紧固所有机件，消除扩大的间隙，校正设备的基准等，使设备恢复和达到规定的技术标准。中修的地点，固定设备可在现场进行，移动设备可在机修车间进行。

3）小修理。小修理是对设备的局部修理，通常只更换或修复少量的磨损零件，调整设备局部结构，进行局部清洗和外部清洗等工作，恢复设备使用性能。

实际工作中，设备大、中、小修的界限通常按修理劳动量和修理费用的多少来辅助判定。

8.2.2 计划修理

8.2.2.1 计划修理的方法

（1）标准修理法。根据设备零件的使用寿命，预先编制具体的修理计划，明确规定设备的修理日期、类别、内容和工作量等。这种方法计划性强，便于做好修理前的准备工作，能有效地保证设备正常运转，但容易产生过度修理，增加修理费用，适用于必须保证安全运转和影响全局生产的重要设备。

（2）定期修理法。根据设备的使用寿命、工作条件、使用情况，事先规定设备的大、中、小修的顺序、间隔期和内容，定期进行修理。这种方法有利于做好修理前的检查工作，应用较广，一般适用于一些重要设备。

（3）检查后修理法。按照计划对设备进行检查，根据检查的结果再制定设备的修理计划（类别、日期和内容等）。这种方法简便易行，修理费用低，但计划性差，不便做好修理前的准备，故仅使用于设备资料不全的一般设备。

8.2.2.2 设备检修计划

设备检修计划是消除设备技术状况劣化的一项设备管理计划。其内容主要是安排设备的各类修理日期、修理工作量和停修时间以及所需人工、材料、备件等。

编制设备检修计划时，首先要掌握设备技术状况的检查资料、设备维修记录、事故统计情况和上年度设备维修计划执行情况等，使计划安排切合实际需要；其次要区别各类设备在生产中所处地位、对生产的影响程度及零件磨损的特点等不同情况，采用不同的维修方式；第三要掌握全矿生产任务的安排、技术改造的任务等，以便合理地安排检修时间，使设备检修计划和生产计划衔接，设备技术改造和设备维修相结合；第四要安排好修理进度中的工作量平衡工作，维修任务与材料、配件供应的平衡工作；第五是对于大型和重要的设备，采用网络计划技术编制计划和控制检修进度。

设备检修计划按时间进度可分为年度、季度和月度计划。煤矿企业的年度设备检修计划，一般只对设备修理的数量、类别、时间等做出安排。具体的修理项目、工作量和延续时间等，则在季度和月度计划中详细安排。

《煤矿安全规程》规定：严禁在设备运转中进行检修。检修时，必须切断供电电源、水源、汽源、风源、油源等，并悬挂'"正在检修，禁止启动"字样的警示牌。

拆卸有压容器和工作前，必须将压力释放。

拆装和检修有危险的设备和部件时，必须制定安全技术措施。

修理液压、气压设备时必须先卸尽压力，有蓄能器的必须先把全部能量释放。

8.2.3　点检制

8.2.3.1　概述

（1）点检的概念。设备点检是利用人的感官和简单的仪表工具或精密检测设备和仪器，按照预先制定的技术标准，定人、定点、定量、定标、定路线、定周期、定方法、定检查记录，施行全过程对运行设备进行动态检查。应用这种管理模式，将有效地掌握设备的各种状态，防止"过维修"和"欠维修"，减少设备的故障发生率，大大降低设备维护费用。因此，这种管理模式被广泛应用在设备管理上。点检管理通常可分为日常点检和定期点检两类。日常点检是指在日常工作中持续对设备进行常规检查，完成状态数据的采集和分析，是定期点检工作开展的基础。日常点检工作的开展，构成了点检工作的基本框架。定期点检是对已出现问题的设备作出精细的调查、测定、分析。它是日常点检工作的延伸，用于专业解决设备故障产生的原因。日常点检和定期点检二者不可偏废。要实现设备点检制，各企业需要根据各自的特点，策划相应的组织管理、技术管理和应用方案。

（2）设备的五层防护体系：

1）第一层：岗位操作人员的日常巡检，发现异常，排除小故障，进行小修理；

2）第二层：专职点检员靠经验和仪器对重点设备、重点部位检查，发现隐患排除故障；

3）第三层：专业点检员在日常巡检、专业点检的基础上，应用专用仪器对设备进行严格的检查、测定和分析；

4）第四层：专业人员对设备进行技术诊断和定期管理；

5）第五层：专业人员对设备进行综合性精度检查，分析劣化点，以考评和控制设备性能，评价点检效果。

（3）点检基本原则（八定）：

1）定点。科学地分析，找准设备容易发生故障和劣化的部位，确定设备的维护点以及该点的点检项目和内容；

2）定标准。按照检修技术标准的要求，确定每一个维护检查点参数（如间隙、温度、压力、振动、流量、绝缘等）的正常工作范围；

3）定人。按区域、按设备、按人员素质要求，明确专业点检员；

4）定周期。制定设备的点检周期，按分工进行日常巡检、专业点检和精密点检；

5）定方法。根据不同设备和不同的点检要求，明确点检的具体方法，如用"五感"（视、听、触、味、嗅）或用仪器、工具进行；

6）定量。采用技术诊断和劣化管理方法，进行设备劣化的量化管理；

7）定作业流程。明确点检作业的流程，包括点检结果的处理程序；

8）定点检要求。做到定点记录、定标处理、定期分析、定项设计、定人改进、系统总结。

8.2.3.2 点检的实施

（1）点检工作的任务结构，见表8-1。

表8-1 点检工作任务结构表

类别	任务结构	内容构成	管理方法
决策层	点检项目审批 点检制度审批	设备状态评审 检修计划评审	召开专项会议
管理层	点检项目评估 点检工作考核 设备状态分析 制定检修计划	设备状态报告 设备状态分析 检修计划拟制 检修作业指导书 检修过程处理 检修结果评估	1. 采用可实现数据整合及分析的计算机软件系统； 2. 采用可进行设备检修管理的计算软件系统
操作层	每日点检 精密点检	定点记录 定点测试 定点检查 定点处理 分析整理 系统总结	1. 采用计算机软件，按任务周期自动生成点检计划； 2. 采用专用点检管理设备及辅助工具； 3. 必要的考核管理办法

（2）点检制的组织模式。专业点检机构是点检建设的基本保障，是实施点检管理必要的组织形式和组织保证。

企业把生产系统划分为若干个区域，每个区域按专业配置点检组，负责对所辖区域的设备进行点检是设备唯一的直接管理者，对管好该区域设备负有责任。平时的工作除了进行点检，还必须整理记录及开展管理业务。就其工作性质而言，与操作方、检修方相比，它属于管理方，从这个意义上来讲，它处于核心地位。专业点检机构的设置，取决于点检工作的任务结构。由于各企业管理机构设置不同，因而点检管理的管理和工作模式也不同。专职点检员制、专业点检队制、运行职能点检制、车间代理点检制等四种点检制模式是目前具有鲜明特色的组织模式。

（3）设备点检项目编制。

1）编制点检项目。要编制设备点检项目，首先要确定设备点检内容。确定点检内容，必须先由各专业的技术人员初步拟定，根据设备在生产过程中所处的地位不同，把生产设备可能出问题的部位设定若干个点，确定其正常标准和异常标准，规定出检查方法。点检内容是动态的，在以后的工作中，随着对设备认识的不断提高，应逐步完善和修改点检内容。点检内容可按专业划分，每一设备应至少在一个或两个专业的管理控制下。根据设备在生产过程中所处的地位不同，用 ABC 分类法对设备进行分类，凡重要设备均被列为预防性检查对象。设备可能发生故障或老化的部位一般包括：滑动部分、回转部分、传动部分、与原材料相接触部分、荷重支撑部分和受介质腐蚀部分，凡属预防性检查的对象，点检人员必须对上述六个部位制定维修标准，并按标准要求编制点检计划进行检查。设备点检项目表形式见表8-2。

表8-2 设备点检项目表

设备名称	设备代码	部件名称	项目名称	工况	数据名称	单位	标准值	周期	获得方式

2）确定点检项目应考虑的因素：

① 必须以能否把握设备状态为出发点，以为实现状态检修提供基础数据为基点；

② 必须针对每台设备的具体情况分别制定点检项目；

③ 设备经常出现的问题和设备可能（状态预想）出现的问题；

④ 处在运行、热备、检修等不同工况下的设备，点检项目不同；

⑤ 反映设备状态的重要数据是否已列入点检项目；

⑥ 反映设备工作状况或作为维修决策依据的参数是否足够；

⑦ 是否可以去除不必要的数据以减轻工作量；

⑧ 如果点检与运行的巡视检查工作并存，要注意划分项目范围；

⑨ 重要的是点检项目确定后，是否对设备做到心中有数；

⑩ 点检项目的记录格式（见表8-3、表8-4）。

表8-3 设备定期检查卡

采区：	定期检查卡			操作者		
区（队）	设备编号：	型号：				
检查项目	检查内容	检查方法	判定标准	检查日期及记录		
				年 月 日	年 月 日	年 月 日

记录符号：完好"√"；异常"△"；待修"○"

表8-4 设备日常检查卡　　　　年　月

设备编号	设备名称	型号	所在区(队)或班(组)		操作者	生产组长	生产工
Ⅰ.开车前检查			1　2　3　4　5　6　7　8　9　10		……		
空运转	1. 手操作各部位正常否						
	2. 防护装置齐全否						
	3. 是否已加油						
准 备	1. ……						
	2. ……						
	3. ……						
Ⅱ.开车中检查							
Ⅲ.停车后检查							

记录符号：完好"√"；异常"△"；待修"○"

3）项目标准是点检管理的基本技术策略。项目标准是衡量或判别点检部位是否工作正常的依据，也是判别该部位是否劣化的尺度。点检员必须掌握并熟悉它，对偏离标准的劣化点要及时采取对策，确保设备处于正常工作状态。点检标准也应逐台设备进行编制。项目标准应根据设备完好状况和更新改造情况定期修订。

4）项目周期是点检管理的基本工作策略。确定点检周期的基本依据是确保设备在每个周期间隔内，设备不会由于不可控因素的出现而导致设备状态发生突变。对项目周期应不断进行适当的修改、完善，摸索出最佳的点检项目周期。

（4）点检工作流程：

1）建立标准化管理。制定岗位标准，确定设备责任人，确定检查路线、区域、设备、项目（包括项目的数据标准、设备状态、数据获得方法、项目周期标准）；

2）录入数据。将工作标准及检查结果录入点检机；

3）现场日常工作。根据岗位性质及项目周期确定相应的日常工作内容。现场的基本工作任务是做好检查记录，如抄表数据、测量数据、观察数据、工作到位信息等；

4）数据上报。将现场工作记录数据上报，并列出异常数据；

5）考核管理。打印日输出报表，包括工时统计、漏点统计、漏项统计、超标数据、观察缺陷等，进行系统分析，给出设备分析报告和设备维护检修报告。

6）处理。对存在问题及时安排处理，并对点检工作提出改进意见，不断完善点检工作。

点检的主要环节：点检因设备不同而内容各异。但任何设备的点检均须做好以下几个环节的工作，并标示于点检表中：

① 确定检查点；

② 确定点检项目；

③ 制定点检的判定标准；

④ 确定点检周期；

⑤ 确定点检方法和条件；

⑥ 确定点检人员；

⑦ 编制点检表；

⑧ 做好点检记录和分析；

⑨ 做好点检管理工作；

⑩ 做好点检人员的培训工作。

（5）每日点检工作规划。

1）专职点检员的每日工作任务结构（见表8-5）。

表8-5 专职点检员每日任务结构规划

每日 8：00~9：00	每日 9：00~10：00	每日 10：00~12：00	每日 14：00~17：00	每日 17：00~18：00
点检早会： 点检领导小组听取各专业的专职点检员关于设备状态的工作汇报	整体把握和控制设备状态工作，监督各种计划的落实，对点检中存在的问题及时安排处理	进行设备状态分析，制定精密点检计划	参与精密点检工作的执行过程，制定设备检修计划、备品材料计划及作业计划	

2）专业点检队每日工作结构及与专工配合模式（见表 8-6）。

表8-6 专业点检队每日工作结构及与专工配合模式

每日8：00～12：00	每日14：00～17：00	每日17：00～18：00
执行点检计划，进行现场收集数据，上报数据和数据处理，包括超标数据和缺陷数据处理	执行精密点检计划，同时进行问题数据复查	点检晚会： 汇报当日点检工作，听取专职点检员意见，学习点检技术和方法

8.2.3.3 对专职点检员的工作要求

专职点检员是设备原始数据的采集和设备状态的分析确认者，其工作态度、作风、工作规范程度及对设备的了解掌握程度，直接关系到点检工作的质量。为确保取得严肃而可靠的点检数据，应对专职点检员进行专门训练和专业化管理。对点检人员的要求如表 8-7 所示。

表8-7 对点检人员的要求

要　求	内　　容
定点记录	首先要工作到位，每天必须在场3～6h，按项目顺序逐点检查、记录，通过积累找出规律性的东西来
定标处理	处理一定按照制定好的标准来进行，达不到标准的一定按照处理程序进行维护或处理
定期分析	点检的记录至少要每周分析一次。对于重点的设备要每一个定修周期分析一次，每季要进行一次检查与处理记录的汇总整理，并存档备查，为检修和改造提供依据，每年要系统地进行一次总结，并从中找到规律和修改计划
定项设计	查出故障频发的点，需要改进设计，规定设计项目按项进行，设计解决不了的要向上级提出课题。必要时发动群众提合理化建议
定人改进	任何一个改进项目，从设计、改进、评价到再改进的过程，都要有专人负责
系统总结	每半年或一年要对点检工作进行一次全面、系统的总结和评价，并作出书面材料和下一阶段工作重点的工作计划，以及点检标准的修改

8.2.3.4 点检现场管理

（1）按专业划分点检区域。为便于实施点检责任制和制定点检工作计划，点检现场可按专业和点检岗位划分为不同的区域，如采煤机点检现场可划分为截割机构、牵引机构、液压传动箱、破碎机构、电气设备、辅助装置等。

（2）点检路线图。各专业点检员应根据其所管辖的设备，根据设备的空间布置情况，画出其点检路线图。划分点检区域的原则是：

1）方便开展现场作业为基础；

2）路线最短、作业行进时间最短为原则；

（3）设置标识牌。在每个管理区，可以设置若干标识牌，用于标识点检路线和检索区域内管理的设备和项目。标识牌应当固定在现场相对明显的位置，并尽可能是相同现场结构，且便于操作。

8.2.4 采煤机的检修

8.2.4.1 采煤机的检查

滚筒式采煤机的日常维护，主要由班检、日检、周检和月检四部分组成，即"四检制"。具体内容如下：

（1）班检。由当采司机负责进行，检查时间不少于 30min。

1）清扫擦拭机体表面，保持机体清洁；

2）检查各种信号、压力表和油位指示；

3）检查各部位螺栓的紧固情况，主要是机身对口、底托架、滚筒、摇臂与弧形挡煤板等部位；

4）检查各部位是否漏油、渗油；

5）更换、补充磨损或丢失的截齿，检查齿座情况；

6）检查电缆、电缆夹的连接与拖拽情况；

7）检查各操作手把和按钮是否灵活可靠；

8）检查牵引链、各连接环及张紧装置有无损坏和连接不牢固情况；

9）检查防滑与制动装置是否可靠；

10）检查冷却、喷雾供水系统的压力、流量是否符合规定，喷雾效果是否良好；

11）检查滑靴及导向滑靴与溜槽导向管的配合情况；

12）倾听各部运转声音是否正常，发现异常要查清原因并处理好。

（2）日检。由矿综机管理人员、综采队长、机电工程师、机修工、机修班长在检修班进行，检查处理时间不少于 6h。

1）处理班检中未能处理的问题；

2）处理电缆、电缆夹和水管的故障；

3）紧固滑靴、机身对口连接螺栓和弧形挡煤板等处的螺栓；

4）检查各部油位和注油点，并及时注油；

5）检查冷却喷雾系统的供水压力和流量，并处理漏水和喷雾泵故障；

6）检查调斜、调高油缸是否漏油及销子固定情况；

7）检查和处理牵引链、连接环和张紧装置的故障；

8）检查处理防滑装置的故障；

9）检查和处理操作手把和按钮故障；

10）检查过滤器，更换不合格的纸滤芯；

11）检查滚筒端盘，叶片有无开裂、严重磨损及齿座短缺、损坏情况，发现有严重问题应及时更换；

12）检查和处理电动机和电控系统故障。

（3）周检（或旬检）。由矿综机管理人员、综采队长、机电工程师、机修下、机修班长等人参加，检查时间不少于 6h。

1）处理日检中未处理的问题；

2）按滑润图表加注油脂，油质符合规定，油量适宜并取油样进行外观检查；

3）检查清洗安装在牵引部外面的过滤器和磁性过滤器；

4）检查支撑架、底托架各部的连接情况；

5）检查电气防爆。

（4）月检。由机电副矿长、副总工程师组织周检人员参加，检查处理时间一般不少于6h，可根据任务量适当延长。

1）处理周（旬）检查未处理的问题；

2）按油脂管理细则规定取油样化验和进行外观检查，按规定换油，清洗油池，处理各连接部位的漏油；

3）更换磨损过限的滑靴、牵引链和连接环；

4）对电动机进行绝缘性能测试；

5）检查滚筒有无裂纹、磨损、开焊及螺栓的齐全、紧固情况，并处理存在的问题；

6）检查防滑制动闸；

7）检查电气箱防爆面和电缆；

8）检查电机密封性能。

8.2.4.2　采煤机的维修

除了做好采煤机日常维护工作，严格执行"四检"外，还必须执行定期强制性检修制度。按采煤机的检修内容分为小修、中修和大修三种。

（1）小修。采煤机小修是指采煤机在工作面运行期间，结合"四检"进行强制性维修和临时性的故障处理（包括更换个别零件及注油），以维持采煤机的正常运转和完好。小修周期为1个月。

（2）中修。中修是指采煤机采完一个工作面后、整机（至少牵引部）升井，由使用矿综机检修部门进行检修和调试。中修除完成小修内容外，还包括下列内容：

1）采煤机全部解体清洗、检验、换油，根据磨损情况更换密封圈及其他零件和组件；

2）采煤机各种护板的整形、修理和更换，底托架及滑靴（或滚轮）的修理；

3）截割滚筒的局部整形及齿座修复；

4）导轨、电缆槽和电缆拖移装置的修理、整形；

5）控制箱的检验和修复；

6）整机调试，试运转合格后方可下井使用，并要求检修、试验记录齐全。

中修由矿办负责组织，矿上无中修能力的可送局机修厂，周期为6~12个月。

（3）大修。一般在采煤机运转2~3年、产煤量60万吨~120万吨后，其主要部件磨损超限，整机性能降低，对具备修复价值和条件的，应送局机修厂或具有大修资质的指定部门进行以恢复其主要性能为目的整机大修。大修除完成中修任务外，还须完成以下任务：

1）截割部的机壳、端盖、轴承杯、三轴、摇臂套、小摇臂的修复或更换；

2）摇臂的机壳、轴承座、行星轮架（系杆）、连单凸缘的修复或更换；

3）截割滚筒的整形及配合面的修复；

4）调高、调斜、张紧千斤顶的修复或更换；

5）牵引部液压泵、液压马达、辅助泵和及所有阀件及其他零件的修复或更换；

6）牵引部行星轮机构的修复；

7）冷却及喷雾系统的修复；

8）电动机整机重绕或更换部分线圈，以及防爆接合面的修复；

9）为恢复整机性能所必须进行的其他零件的修复或更换；

10）整机调试、试运转合格后，喷防锈漆准备出厂。

8.2.5 液压支架的检修

8.2.5.1 液压支架的检查

液压支架的检查主要由班检、日检、旬检和月检四部分组成，即"四检"。其内容如下：

（1）班检。由支架工、小班维修工参加，检查时间不少于30min。

1）检查和处理支架卫生，保持支架卫生良好；

2）检查支架零部件是否齐全，连接是否可靠；

3）检查"U"形销是否齐全、可靠；

4）操作并检查操作阀是否灵活可靠；

5）检查并询问架间喷雾及供水情况；

6）按一下主机系统自检键，检查全系统是否正常；

7）检查各供电电缆是否有挤压和损伤；

8）检查各传感器与立柱或千斤顶连接是否可靠。

（2）日检。由检修班长负责、维修工参加，检查时间一般6h。

1）处理班检中处理不了的问题；

2）检查支架立柱、千斤顶有无损伤和变形；

3）检查推移框架是否断裂，是否严重变形；

4）检查推移装置与刮板输送机连接是否可靠；

5）检查架间照明灯是否失爆；

6）检查在无控制信号时，主控阀和先导阀是否有异常响声；

7）检查主控器、分机控制器在工作时是否正常。

（3）旬检。由矿综机管理人员、综采队长、机电工程师、支架工等参加，检查时间6h。

1）处理日检中处理不了的问题；

2）更换损伤的立柱、千斤顶；

3）检查支架各部件，特别是顶梁、前探梁、后掩护梁、护帮板有无开裂、断裂或严重变形；

4）检查过滤是否完好清洁；

5）检查防倒、防滑装置是否完好、可靠；

6）检查电气部件的防爆性能；

7）检查防顶煤、铺网机构是否完好、可靠。

（4）月检。由机电矿长、副总工程师组织旬检人员参加，检查处理时间一般不少于6h，可根据任务量适当延长。

1）处理旬检中处理不了的问题；

2）更换损坏严重的护帮板、前探梁，在旬检的基础上进行一次全面检修，找出故障规律，采取预防措施。

8.2.5.2 液压支架的维修

除了做好液压支架的日常维护工作，严格执行"四检"外，还必须执行定期强制性检修制度。按液压支架的检修内容分为小修、中修和大修三种。

（1）小修。液压支架小修是指液压支架在工作面运行期间。结合"四检"进行强制性维修和临时性的故障处理（包括更换个别零件及注油），以维持液压支架的正常运转和完好。小修周期为2个月。

（2）中修。中修是指液压支架在运行1年或采完2~3个工作面后，整机升井，由机修厂进行检修和调试。中修除完成小修内容外，还包括下列内容：

1）针对存在问题对支架进行解体，更换或修复损坏了的零部件；

2）对变形的侧护板、弹簧筒等结构进行整形；

3）检修液压系统，调整校核安全阀的开启压力；

4）更换镀层损伤超限的立柱、千斤顶。

（3）大修。在液压支架运行2~3年或采煤120吨~200万吨后，其主要部件磨损超限，整机性能降低，对具备修复价值和条件的，应送局机修厂或检修中心进行以恢复其主要性能为目的的整机大修。大修除完成中修任务外，还须完成以下任务：

1）对液压支架进行全面解体、除锈、清洗并逐件进行检查；

2）对变形开裂的顶梁、掩护梁、前梁、底座等结构件进行整型、补焊、加固；

3）更换损坏了的弹簧、螺栓、销轴等易损件；

4）检修液压系统，更换损坏的阀件、胶管和全部密封件。按试验规范对阀、立柱、千斤顶、胶管进行试验。按额定工作压力整定安全阀；

5）电镀修复损坏的立柱、千斤顶活塞杆的镀层；

6）对支架各部件进行防锈处理；

7）大修后的支架按检修质量标准进行验收。

8.2.6　乳化液泵站与喷雾泵的检修

8.2.6.1　乳化液泵站与喷雾泵的"四检"内容

（1）班检。由泵站司机、小班检修工参加，时间不少于30min。

1）检查处理泵站的表面卫生，保持泵站卫生良好；

2）检查各连接运动部件、紧固件是否松动；

3）检查各连接管道有无折叠、损坏，连接处渗漏等；

4）检查各部油位、油温是否正常；

5）观察阀组动作的节奏声和压力表的跳动有无异常；

6）检查乳化液配比浓度；

7）泵站运行时电机及泵站是否平稳，有无异常；

8）检查液箱的乳化液面。

（2）日检。由检修班长组织检修，时间一般6h。

1）处理班检处理不了的问题；

2）检查卸载阀的动作、声音是否正常；

3）检查电动机轴承温度是否正常；

4）观察蓄能器是否泄漏；

5）观察高压安全阀是否泄漏；

6) 泵站连续供液时，观察回液断路器出口是否有液体流出。

（3）旬检。由矿综机管理人员、机电工程师、综采队长、检修班工人参加，时间一般 6h。

1) 处理日检处理不了的问题；

2) 检查过滤器是否清洁完好；

3) 目检各处润滑油是否变质乳化；

4) 检查泵的压力、流量是否正常；

5) 检查电动机的供电电缆及接线是否完好、安全；

6) 清洗乳化液箱、辅助乳化液箱和清水箱。

（4）月检。由机电矿长、副总工程师组织综机管理人员、队长维修工参加，一般检查时间不少于 6h，可根据任务适当延长。

1) 处理旬检处理不了的问题；

2) 清洗乳化液箱和辅助乳化液箱、清水箱；

3) 校正泵站卸载阀的动作压力值；

4) 检查并清洗二次过滤器；

5) 检查蓄能器的充氮压力，应保持在规定的范围内；

6) 检查并清洗减速箱、曲轴箱，检查轴承、滑块、曲轴瓦、柱塞的磨损情况和润滑情况；

7) 检查并提取乳化液，润滑油脂样品进行化验。

8.2.6.2 乳化液泵站与喷雾泵的检修

（1）一般检修。当运行 1 年或采完 1~2 个工作面时，送机修厂检修。

1) 针对存在的问题进行解体、修复，更换损坏的零部件；

2) 检查各部位的密封情况，更换损坏的密封件；

3) 清洗泵头、曲轴箱，更换各部位的润滑油脂；

4) 调整曲轴轴拐与轴瓦、滑块与滑块孔等运动部件之间的间隙，恢复其原来的性能；

5) 对蓄能器进行检查，并补充氮气，恢复其额定压力；

6) 检查各种阀组，校核安全阀的额定工作压力，更换各种过滤器的滤芯；

7) 清洗乳化液箱和清水箱；

8) 对泵、液箱表面进行防锈处理；

9) 检修后的泵站，按照检修合同要进行验收。

（2）大修。在运行 2 年后，送机修厂或检修中心检修。

1) 对泵进行全面解体，清洗零部件并逐件进行检查；

2) 更换或修复损坏的零部件；

3) 更换全部密封件和其他橡塑件；

4) 修复或更换磨损超限的运动部件，调整轴瓦间隙，恢复原有性能；

5) 修复电动机；

6) 检修卸载阀、交替阀、安全阀等阀组，按试验规范对阀及胶管进行试验。调整各阀组的动作压力；

7) 检修蓄能器，并充氮气至规定压力；

8）检修乳化液箱、清水箱；

9）对泵各部件及液压箱进行防锈处理；

10）大修后的泵应按合同进行验收。

8.2.7　刮板输送机的检修

刮板输送机的检修的具体体现是坚持日检、周检、季检、半年检和大修等，其内容如下。

8.2.7.1　日检

（1）检查各转动部分是否有异常响声和剧烈振动、发热等异常现象，如有应及时排除；

（2）检查减速箱、液力耦合器、液压缸以及推进系统软管是否漏损，漏损严重者应及时处理，并补充油液；

（3）检查减速箱、盲轴、链轮、挡煤板、铲煤板和刮板链螺栓是否松动，如发现松动应及时处理；

（4）检查刮板、连接环及圆环链是否损坏，如发现损坏应及时更换；

（5）检查刮板链松紧是否适度，有无跳牙现象。如果刮板链过松，应及时张紧；

（6）检查溜槽有无掉销和错口现象，一经发现应及时更换。

8.2.7.2　周检

（1）检查减速箱、液力耦合器、盲轴等部位油液量是否适当，有无变质；

（2）检查挡煤板和铲煤板连接螺栓是否松动或掉落；

（3）检查机头（机尾）架是否损坏变形；

（4）检查机头（机尾）各连接螺栓的紧固情况；

（5）检查拨链器、刮板的磨损情况；

（6）检查电动机的引线是否损坏；

（7）检查溜槽挡煤板和铲煤板损坏变形情况；

（8）检查液压缸和软管是否损坏。

8.2.7.3　季检和半年检

每季度应对液力耦合器、过渡槽、链轮和拨链器等进行轮换检修 1 次（其中拨链器可视磨损情况而定），每半年应对电动机和减速器进行 1 次全面检修。

8.2.7.4　大修

当采完一个工作面后，应将设备升井进行全面检修。

8.2.8　转载机的检修

8.2.8.1　转载机试运转前的检查

（1）检查信号装置、电话、照明灯等是否正常工作；

（2）检查推移装置的液压管连接是否正确；

（3）检查减速器、盲轴和液力耦合器等油液量是否适当；

（4）检查溜槽中是否有工具和其他异物。

8.2.8.2 转载机空载试运转时的检查

（1）检查电气控制系统运转是否正常；

（2）检查减速器和液力耦合器有无渗漏现象，是否有异常声响和有过热现象；

（3）检查刮板链运行情况，有无刮卡现象。刮板链过链轮是否正常，刮板链松紧程度是否适当。刮板链在机头链轮下边应有适当松弛量，但不能过大，否则应重新紧链；

（4）试运转后必须检查固定刮板的螺栓的松动情况，若有松动，则须拧紧；

（5）当配有破碎机时，应检查电气控制系统的协调性。

对以上检查项目若发现问题，应及时进行处理更换。

8.2.9 掘进机的检修

8.2.9.1 使用前的检查

（1）检查巷道支护情况，掘进工作面必须保证通风良好，水源充足，支护材料和转载运输系统准备妥当；

（2）检查截齿磨损情况，各部的连接应牢固，各注油部位不得缺油，油量和油温符合要求；

（3）检查液压泵、液压马达和油缸有无异常响声，油温是否过高及有无泄漏；

（4）检查液压传动系统的管路和接头是否漏油，各仪表是否正常；

（5）检查冷却降尘系统是否完整齐全，电缆连接情况及防爆面有无损伤；

（6）检查履带板、履带销轴、套筒和销钉等是否完好，履带轮和支承轮的转动是否灵活，履带张紧力是否适当，铲板、耙爪、六星轮是否完好，装载机构是否正常；

（7）检查刮板输送机是否完好，开关箱和各操纵阀组手把是否在正确位置，动作是否灵活可靠，阀组有否漏油；

（8）检查转载机胶带、托辊是否完好，清扫装置是否完好、有效。

8.2.9.2 定期检修

（1）日检：

1）检查履带板有无弯曲、断裂。履带链的张紧程度是否合适。各联轴器是否牢固可靠，转动是否灵活；

2）转载机托架上的螺栓是否齐全、紧固。转载机的张紧程度和胶带连接扣是否完好；

3）拆下铲板升降油缸的护罩，检查固定螺栓和软管是否紧固和完好；

4）清洗和润滑所有的操纵手把。

（2）周检：

1）日检全部内容；

2）检查截齿、齿座、喷嘴、液压泵、油柱、油管、水管，不合格的必须更换和修理；

3）检查油箱油位，各注油点注油。

（3）月检：

1）日检和周检的全部内容；

2）将不符合要求的润滑油从减速器中放净，并按要求的数量重新注油；

3）使冷却水倒流，以清洗供水系统。

（4）季检。更换液压传动系统中的液压油，清洗油箱。

（5）半年检：

1）检查所有减速器中的齿轮和轴承，必要时予以更换；

2）拆下所有的油缸，检查、清洗或修理；

3）用润滑脂润滑电动机的轴承。

8.2.9.3　掘进机的维修

（1）小修。小修一般每月进行一次。小修是指掘进机在工作面运行期间，结合检查出的问题进行强制性维修和临时性的故障处理（包括更换个别零件及注油），以维持液压支架的正常运转和完好。

（2）中修。中修包括小修的全部内容，一般每半年进行一次，主要内容有：

1）换齿轮油；

2）检查行走机构张紧装置；

3）检查链板输送机溜槽磨损情况，并修理槽板；

4）检查机头、机尾轴组件并注油；

5）清洗除尘装置；

6）检修液压系统；

7）检修电气系统。

（3）大修。大修包括中修的全部内容，一般每年进行一次，主要内容有：

1）对工种机构的伸缩装置进行检查并大修内部；

2）对各部减速器进行检查并大修内部；

3）检查大修行走机构的驱动链轮，并补充润滑油；

4）检查大修油泵、油液马达内部。

8.2.10　气腿式凿岩机的检查及维护

（1）新机器在使用前，须拆卸清洗内部零件，除掉机器在出厂时所涂的防锈油质。重新安装时，各零件的配合表面要涂润滑油。使用前应在低气压下（0.3MPa）开车运转20min左右，检查运转是否正常；

（2）供气管路气压应保持在0.5～0.6MPa范围内，若气压过高则零件易损坏；气压低则机器效率下降，甚至影响机器的正常使用；

（3）使用前需吹净气管内和接头处的脏物，以免脏物进入机体内使零件磨损，同时也要细心检查各部螺纹连接是否拧紧及各操作手柄的灵活可靠程度，避免机件松脱伤人，保证机器正常运转；

（4）机器开动前向注油器内装满润滑油，并调好油阀。工作过程中应每隔1h向注油器内装满油1次，不得无润滑油作业；

（5）机器开动时应先小开车，在气腿顶力逐渐加大的同时逐渐开全车凿岩。不得在气腿推力最大时骤然开全车运转，更不应当长时间开全车空运转，以免零件擦伤和损坏。在拔钎时应以开半车为宜；

（6）钻完孔后，应先拆掉水管进行轻运转，吹净机器内部残存的水滴，以防内部零件锈蚀；

（7）湿式中心注水凿岩机，严禁打干眼，更不许拆掉水针作业，防止运转不正常及损坏阀套；

（8）经常拆装的机器，在凿岩时应注意及时拧紧螺栓，以免损坏内部零件；

（9）已经用过的机器，需要长期存放时，应拆卸清洗、涂油封存。

8.2.11 装岩机的检查及维护

常用的装岩机有铲斗装岩机、耙斗装岩机和蟹爪装岩机。

8.2.11.1 铲斗装岩机的检查及维护

（1）操作前的检查：

1）检查装岩机的各部件连接是否牢固可靠；

2）检查电气设备是否完好；

3）检查钢丝绳的张紧程度和两端的固定是否牢固可靠；

4）检查提升链条固定是否牢固可靠；

5）按润滑要求向注油部位注入规定的润滑油；

6）观察巷道的爆破情况，检查周围有无障碍物；

7）检查轨道的铺设是否合格。

（2）日常维护：

1）经常用压缩空气或水吹洗装岩机的外露部分。特别是供斗柄滚动的两条导轨，以减少斗柄的跳动和磨损；

2）检查钢丝绳的松紧和磨损程度；

3）检查铲斗在装岩机上的位置是否正确；

4）检查铲斗提升链条、缓冲弹簧、回转座、滚轮和提升卷筒等固定情况，勿使连接松动；

5）检查所有连接件和固定件的松紧程度；

6）检查减速器是否正常；

7）电动机的外部散热片表面若积有岩尘，会降低电动机散热效果，因此应定期清扫；

8）按规定注油。

8.2.11.2 耙斗装岩机的检查

（1）经常检查钢丝绳在卷筒上是否整齐缠绕，两头连接是否牢固可靠，检查钢丝绳的磨损情况，如钢丝绳断裂严重应及时更换；

（2）检查制动器和辅助闸的松紧是否合适，绞车转动是否灵活可靠，如发现制动不灵应及时进行调试；

（3）检查卡轨器是否完好，是否可靠；

（4）检查导向轮的固定情况，动作是否可靠；

（5）随时检查各连接件有无松动及失落，对松动件应及时拧紧；

（6）检查电缆有无损坏，连接是否牢固，以及电气设备的防爆性能是否良好；

（7）经常清理电动机上的岩粉，以免电动机过热；

（8）检查各部位的润滑情况，定期按质按量注入润滑油。

除日常维护外，还要对耙斗装岩机进行必要的定期检修，一班一小修，一季一中修，一年一大修。

8.2.11.3　蟹爪装岩机的检查

（1）检查蟹爪工作机构、各减速箱、回转台的主轴、油缸柱塞和各操作手把等固定情况；

（2）检查中继减速器的套筒滚子传动链的运行情况和张紧状况；

（3）检查左、右制动装置的紧固情况和工作位置，动作是否可靠准确；

（4）各操作手把和按钮一定要完好，动作应灵活准确；

（5）检查注油处有无油塞及堵塞现象；

（6）检查履带、链轮及调整装置的工作状况和连接情况；

（7）检查左、右回转装置的连接情况及工作状况；

（8）检查电缆和电气设备是否完好。

8.2.12　附表（见表8-8）

表8-8　机电安全质量标准及考核评分办法（摘录）

序　号	项　目	标准分数	考核评分方法	备注
	总　计	100		
二	机电安全	30		
8	采掘运设备	6		
（1）	采煤机上有急停刮板输送机的闭锁装置、综采工作面有通讯和照明。倾斜15°及以上工作面必须有防粉装置。刨煤机工作面至少每隔30m装设能随时停止刨头和刮板输送机的装置或向刨煤机司机发送信号的装置，有刨头位置指示器，工作面倾角12°以上时，刮板输送机必须装防滑、锚固装置。耙装机应有卡轨器、制动闸、保护栏杆、照明灯。掘进机蜂鸣器、照明、急停开关完整齐全	3	现场检查或查资料，缺一项或一处不合格扣0.5分	
（2）	刮板输送机，胶带输送机：刮板输送机液力耦合器使用水（或耐燃液）介质，使用合格的易熔塞和防爆片胶带输送机使用阻燃胶带，有防滑、防跑偏、堆煤、湿度、烟雾保护，有自动洒水装置，输送机机头有防护栏，机尾有护罩，行人需跨越处设过桥，机头、机尾固定牢靠	2	现场检查或查资料，一处不合格扣0.5分	

序　号	项　目	标准分数	考核评分方法	备注
(3)	液压系统： 零部件齐全，管路、阀组不串、漏液，泵站压力符合要求	1	现场检查，一处不合格扣0.1分	
三	机电管理	40		
3	机电的基础工作	27		
(2)	健全规章制度： （1）电气试验制度；操作规程（装订成册）；岗位责任制（装订成册）；设备运行、维修、保养制度；设备定期检修制度；机电干部上岗查岗制度；设备管理制度；安全活动制度。事故分析追查制度：设备包机制度；防爆设备入井安装、验收制度；电缆管理制度；小型电器管理制度；油脂管理制度；配件管理制度；阻燃胶带管理制度；杂散电流管理制度	4	现场检查，查阅资料，缺一种制度（规程）或一种制度（规程）执行不好扣11分；一种内容不完整或应装订成册未装订成册的扣0.55分	
	设备技术档案及管理	3		
(3)	设备技术档案及系统图： 健全技术档案，实行专人管理；主变压器、主通风机，主提升机、主压风机、主排水泵、锅炉等大型主要设备，做到一台一档内容齐全。设备档案包括：设备使用说明书，调试安装验收单，试验记录，设备历次事故记录，设备历次性能测试和关键部件探伤记录。分析报告处理及改进意见，设备大修及技术改造记录，设备履历簿和技术特征卡片，安装图纸，配件图册各类图纸完整齐全，按《煤矿安全规程》要求，矿井必须有矿井主提升、通风、排水、压风、供热、供水、通讯、井上下供电系统和井下电气设备布置图	2	查阅技术档案资料，档案无专人管理不得分。发现一台无档或内容不全，1987年及以后进矿的设备扣1分，以前进矿设备扣0.5分 发现缺一种图或图不符实扣0.5分	
	液压系统： 零部件齐全，管路、阀组不串、漏液，泵站压力符合要求	1	现场检查，缺一种扣0.5分，与现场不符发现一台（条、处、件）扣0.5分	
(4)	开展微机管理工作	2	现场检查，机电科配备微机，并开展微机辅助管理工作，否则不得分	

复习思考题

（1）什么是设备管理？采掘工作面设备管理的内容和要求有哪些？

（2）应如何做好对采煤机的检修？

（3）设备检修分哪几类？

（4）应如何做好装岩机、掘进机的检查和维护？

9 采掘工作面物资管理

9.1 物资管理概述

9.1.1 物资的概念及分类

9.1.1.1 物资的概念

"物资"一词，有广义和狭义之分。从广义上讲，物资是物质资料的简称，它包括生产资料和生活资料。生产资料又包括劳动资料和劳动对象两类。劳动资料是人们在生产过程中用于改变或影响劳动对象的一切物质资料和物质条件；生活资料是指人们日常生活中衣、食、住、行等各种消费品。狭义的物资，也就是物资管理中所讲的物资，主要是指生产资料中可以流动的劳动产品，如原料、材料、燃料、设备、工具等，它不包括未经劳动加工的自然资源和已经转为固定资产的劳动产品，如土地、道路、厂房、生产性建筑物等，如图9-1所示。

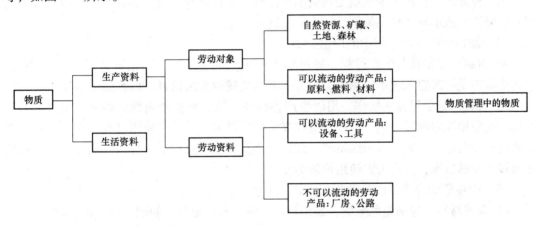

图 9-1 物质分类示意图

对于煤炭企业的物资部门来说，物资还不包括设备和配件，这部分由机电部门或其他部门来管理，物资部门管理的物资包括原料、材料、燃料、工具及各种劳保办公用品。

9.1.1.2 物资的分类

物资的种类繁多，各有特点，为了便于编制计划、采购订货和加强管理，对各种物资必须加以分类。

（1）按物资在生产中的作用分类。

1）原料及主要材料（通常称原材料）。是指经加工后构成产品实体的原料及材料。

其中原料是指未加工的矿产品和农产品；材料是指原料经过若干加工程序而得的产品，如乳化液、棉纱等。在一般工业企业，原材料经过企业加工后转化为产品的主要实体，而煤矿工业企业的劳动对象及其产品是自然形成的煤炭资源，生产过程中所耗费的物资不构成产品实体。但是在实际工作中，往往把在煤炭生产活动中起重要作用，消耗量大的材料如坑木、火药、雷管、导火索、钢材等作为主要材料而列入此类。

2）辅助材料。一般是指在生产过程中起辅助作用，有助于产品形成或有利于生产正常进行，但不构成产品主要实体的各种材料。如胶带、电缆、钢丝绳、通风器材、照明设备以及各种机械设备上用的润滑油等，在煤矿工业企业的生产活动中，将材料划分为主要材料还是辅助材料，要根据材料在生产中所起的作用及对生产所产生的影响程度来确定。例如，砂子作为充填材料时是主要材料，而作为巷道维修和铺路材料时则作为辅助材料。

3）燃料。是指在生产过程中用来燃烧产生热能的物资。包括固体、液体和气体燃料，如煤炭、汽油、煤气等。

4）动力。是指生产用的电力、蒸汽和压缩空气等。

5）工具。是指在生产活动中必不可少的劳动手段。一般包括普通工具和检验测量仪表，如各种刀具、刃具、量具、卡具等。

6）配件。是为了维护保养机器设备所应更换磨损和老化的零部件，如齿轮、轴承等。

7）包装物。指为包装产品用的物资。如火药箱、氧气瓶等。

用此种方法分类便于企业制定物资消耗定额、计算物资用量、核算产品成本以及为划分固定资产和流动资产提供依据。

（2）按物资在生产过程中的用途分类。

1）材料。是指参与生产过程、经过加工构成产品实体，一次消耗或虽不一次消耗，但其价值却是一次摊入成本的物资，前者如制造机械设备的钢材，后者如坑木等。

2）设备。是指可独立操作，用以生产各种动力或变更材料属性、性能、位置的各种物资，或使用期限超过一年，单位价值在规定标准以上，并且在使用过程中保持实物形态的物资。如电动机、机床、采煤机等。此种物质投入生产过程后，可以长期使用，其价值逐渐转入产品成本，直到失去使用价值为止。

（3）按物资的自然属性分类。

1）金属材料。包括黑色金属，如钢材、生铁；有色金属，如铜、锌、铅、铝等。

2）非金属材料。包括除黑色金属和有色金属以外的所有材料，如化工材料、木质材料、纺织材料、建筑材料等。

3）机电器材。包括各种机械产品和电器产品，如采煤机、输送机、电机、电缆等。

4）燃料。如煤炭、汽油、煤气等。

用此种方法分类，便于物资的采购、保管、保养、仓库建设以及编制物资供应目录等。

（4）按物资的使用方向分类。

1）基本建设用物资；

2）工业生产用物资；

3）经营维修用物资；

4）更新改造、技术措施、新产品试制用物资；

5）科学研究用物资；

6）工艺装备用物资。

用此种方法分类，便于按照使用方向进行物资核算、统计和平衡。

9.1.2　物资管理

煤炭工业企业的物资管理就是根据企业的生产经营目标，对企业生产经营过程中所需的物资进行计划、组织、指挥、协调和控制的一系列活动。它包括对物资进行计划、申请、运输、验收、保管、发放和统计核算，以及物资的节约和合理使用等各项工作。

采掘工作面物资管理是指对采掘工作面生产过程中所需的各种物资进行计划、验收、保管、发放、统计指标、节约和合理使用等各项工作。物资管理工作搞得好与坏，对于保证提高产品质量、提高劳动生产率、加快资金的周转速度、节约物资消耗、降低吨煤成本、增加企业盈利都有着十分重要的意义。

9.1.3　物资管理的任务

采掘工作面物资管理的任务，就是按照社会主义市场经济的要求，根据工作面的任务和目标，以提高经济效益为中心，做到保证供应、降低消耗、节约资金、加速物资周转，做到供、管、用相结合，使工作面生产能正常、顺利地进行。其具体任务是：

（1）按质、按量、按时、经济合理地组织供应工作面所需的各种物资，保证生产活动的顺利进行。

（2）加强仓库管理，严格组织物资的验收、保管保养和发放。

（3）加强物资的使用管理，把供和管结合起来不断降低物资消耗。

（4）注意市场信息，搞好市场调查，选择质量好、价格低、距离近和符合企业需要的货源，以保证产品质量和降低物资流通费用。

（5）积极采用有效的组织形式和科学的管理方法，制定合理的物资储备定额，控制物资库存量，减少和消耗积压物资，加速物资和资金周转。

（6）认真贯彻党和国家有关物资管理工作的方针、政策和法规，按照物资经济规律做好物资管理工作。建立健全一整套科学的物资管理制度，实现物资管理现代化。

9.1.4　物资管理的内容

（1）编制物资供应计划。确定物资需要量，预计计划期初和期末物资的库存量，编制物资申请计划和采购计划。

（2）组织货源。根据物资计划，与供货单位签订供货合同，或通过市场采购、委托加工、自制调剂等方式，按生产建设的进度不断组织货源。

（3）仓库管理。做好物资的验收、保管、维护、发放、账务处理、物资盘点、废旧物资的回收利用等工作。

（4）物资消耗定额管理。物资消耗定额资料的整理和汇总，按物资消耗定额编制计划和发放物资，提出修改物资消耗定额的意见和数据。

（5）库存量的控制。对物资储备，不同的物资应采用不同的库存量控制方法，使库存量经常保持在合理的水平上。

（6）物资统计。建立物资统计台账，填报各类物资的统计报表，分析研究物资收入、消耗和库存变动情况，为改进物资供应和管理工作提供可靠的依据。

（7）建立健全各种物资管理制度。制订计划、采购、定额、统计、调度、保管等人员的职责范围，制定物资计划管理制度、物资采购制度、仓库管理制度、定额和限额供应制度、物资统计制度、废旧物资回收制度、物资验收以及各种奖惩制度等。

9.2　采掘工作面物资消耗定额

9.2.1　物资消耗定额的概念

采掘工作面物资消耗定额是指在一定的生产技术组织条件下，生产单位合格产品或完成单位工作量所规定的物资消耗的数量标准。单位产品是指每生产 1 万吨煤炭产品；单位工作量是指以劳动量表示的某项工作量，如掘 1000m 巷道等。物资消耗定额通常用实物量的绝对数来表示。如每生产 1 万吨原煤需要消耗多少立方米木材、多少吨钢材、多少千克炸药等。

要正确制定物资消耗定额，首先应分析物资在加工和使用过程中的消耗构成，从中找出合理消耗部分和不合理消耗部分，尽可能减少和消除不合理的物资消耗。物资消耗由三部分构成：

（1）产品净重消耗。它是指物资的有效消耗部分，也是物资消耗的最主要部分。

（2）工艺性消耗。它是指物资在准备和加工过程中，由于改变物理或化学性能所产生的物资消耗，也是物资消耗中不可避免的组成部分。

（3）损耗性消耗。它是指由于生产过程中不可避免产生的废料、运输保管过程中的合理损耗和其他非工艺技术原因而引起的损耗。在一定的技术条件下，这种损耗是难以避免的。但随着技术的进步，这种损失可以降低到最低程度。

由于物资消耗构成不同，物资消耗定额分为工艺定额和供应定额。物资消耗工艺定额包括产品净重和工艺性消耗两部分，它是生产过程中必需地、有效地消耗部分，所以这种定额一般也称物资消耗定额。物资消耗供应定额是指在物资消耗工艺定额的基础上，按一定比例加上各种非工艺性消耗，它是企业核算物资需要量和采购量的依据。

9.2.2　物资消耗定额的作用

采掘工作面物资消耗定额是反映工作面生产技术和管理水平的重要标志，制定和执行物资消耗定额，对于加强计划管理、节约物资、完成煤炭生产任务具有重要作用。

（1）物资消耗定额是编制物资供应计划的重要依据。

（2）物资消耗定额是控制物资的合理使用和节约物资的重要手段。

（3）物资消耗定额是控制工作面合理使用和节约物资的有力工具。

（4）物资消耗定额是工作面实行科学管理的基础工作。

9.2.3　物资消耗定额的制定方法

物资消耗定额的制定方法很多，对煤矿工业企业来说，以下三种方法的应用比较普遍。

9.2.3.1 经验统计法

经验统计法可分为经验估计法、统计分析法和统计法。

（1）经验估计法。主要是根据有关人员的知识及工作经验，并参照有关数据和资料，在分析相关影响因素及其变化的基础上，通过估算而制定出物资消耗定额的方法。如煤矿的某些机电设备配件材料消耗定额用此法来制定。这种方法简便易行，但科学性差。

（2）统计分析法。根据本单位物资消耗的统计资料，在分析研究这些资料和充分考虑执行期间可能发生的主要影响因素的基础上制定的物资消耗定额。这种方法简单易行且比较先进合理，是煤矿制定物资消耗定额常用方法。

（3）统计法。这种方法主要是根据本单位物资消耗情况的统计资料来制定物资消耗定额，该方法的可靠程度主要取决于统计资料的准确性。

9.2.3.2 写实查定法

写实查定法是根据工作面生产条件对物资消耗进行实际查定（称量、检尺、求积等）的基础上，制定出物资消耗定额的一种方法。这种方法主要是通过对现场实际观察测定，数据真实可靠，并通过查定，能剔除一些不合理的物资消耗因素，使之更切合于实际。但由于它受特定的生产环境和查定人员实际水平的限制，有时也将生产管理中的某些缺点包含进去。

9.2.3.3 技术计算法

这是编制物资消耗定额的主要方法，它是根据产品设计图和生产工艺过程中的技术要求来制定物资消耗定额的一种方法。它又可分为以下三种方法：

（1）计算法。是根据产品设计和生产工艺等制定物资消耗定额的一种方法；

（2）下料法。是根据产品设计和所选择的最合理的下料方案等制定物资消耗定额的方法；

（3）实验法。是指在实验室中，用专门仪器和设备确定材料的消耗量，然后再根据生产条件加以修正而制定物资消耗定额的方法。

技术计算法是一种比较科学和精确地制定消耗定额的方法，但这种方法的技术性较强，计算和分析的工作量也较大。

在实际工作中，通常是把几种方法结合起来应用。产品的主要材料消耗定额的制定，应以技术计算法为主，同时要结合必要的统计资料和群众的经验；而辅助材料消耗定额的制定，宜采用统计方法为主。

9.2.4 物资消耗定额的日常管理

（1）建立健全定额管理责任制；

（2）建立健全必要的定额文件和原始记录资料；

（3）建立一套完整的定额管理制度，加强定额分析；

（4）根据生产条件的变化，及时修改定额；

（5）与经济核算相结合，对物资消耗定额的执行情况加强考核，维护定额的严肃性。

9.2.5 几种主要物资消耗定额的制定

9.2.5.1 坑木消耗定额的制定

（1）采用经验统计法制定坑木消耗定额。

1）采煤工作面坑木消耗定额：

$$\text{采煤工作面坑木消耗定额}(\text{米}^3/\text{万吨}) = \frac{\text{报告期采煤工作面坑木消耗量}(\text{m}^3)}{\text{报告期采煤工作面原煤产量}(\text{万吨})} \times (1 + \text{增减系数})$$

（9-1）

2）掘进工作面坑木消耗定额：

$$\text{掘进工作面坑木消耗定额}(\text{m}^3/\text{km}) = \frac{\text{报告期掘进工作面坑木消耗量}(\text{m}^3)}{\text{报告期掘进工作面进尺数}(\text{km})} \times (1 + \text{增减系数})$$

（9-2）

以上公式中的坑木消耗量（m³）是从以往年份的实际坑木消耗的统计资料中取得的，产量（万吨）和进尺（km）是从生产日报或生产计划部门的统计资料中取得的。

（2）采用技术计算法制定坑木消耗定额。

1）采煤工作面坑木消耗定额：

$$\text{采煤工作面坑木消耗定额}(\text{米}^3/\text{万吨}) = \frac{\text{采煤工作面每循环坑木消耗量}(\text{米}^3)}{\text{采煤工作面每循环原煤产量}(\text{万吨})} \times$$

$$\left(1 - \text{采煤工作面每循环坑木回收复用率}(\%)\right)$$

（9-3）

在采用木支柱支护的工作面，每循环使用量可按下式计算：

$$\text{采煤工作面每循环坑木使用量}(\text{m}^3/\text{循环}) = \text{每循环工作面支柱排数} \times \left(1 + \frac{\text{采煤工作面长度}}{\text{柱距}}\right) \times$$

$$\text{每根支柱的材积}(\text{m}^3/\text{根}) + \text{密集支柱的使用量}(\text{m}^3/\text{循环})$$

（9-4）

2）掘进工作面坑木消耗定额：

$$\text{掘进工作面坑木消耗定额}(\text{m}^3/\text{km}) = \left(\frac{1000}{\text{棚距}(\text{m})} + \text{掘进工作面个数}\right) \times \text{每架棚子材积}(\text{m}^3) +$$

$$\text{每千米巷道枕木需用量} \times \text{每根枕木材积}(\text{m}^3)$$

（9-5）

式中，掘进工作面的个数表示每增加一个掘进工作面则增加一架棚子。

9.2.5.2 火工品消耗定额的制定

（1）炸药消耗的制定。

1）采煤工作面炸药消耗定额：

$$\frac{采煤工作面}{炸药消耗定额}(千克／万吨)=\frac{\frac{每炮眼平均}{装药量(千克)}\times\frac{每排炮眼}{平均个数}\times\frac{工作面布置}{炮眼排数}\times\frac{每循环爆破}{次数}}{每循环原煤产量(万吨)}$$

$$(9-6)$$

式中，有关数据通常按作业规程的要求来安排。

2）掘进工作面炸药消耗定额：

$$\frac{掘进工作面}{炸药消耗定额}(kg/km)=\frac{每循环炮眼个数\times平均每眼装药量(kg)}{每循环掘进进尺(km)} \qquad (9-7)$$

式中的平均每眼装药量（kg）可按下式计算：

$$\frac{平均每眼}{装药量}(kg)=\frac{\frac{掏槽眼}{个数}\times\frac{每眼装药}{量(kg)}+\frac{辅助眼}{个数}\times\frac{每眼装药}{量(kg)}+\frac{周边眼}{个数}\times\frac{每眼装药}{量(kg)}}{每循环炮眼总数}$$

$$(9-8)$$

（2）雷管消耗定额的制定。

1）采煤工作面雷管消耗定额：

$$\frac{采煤工作面雷管}{消耗定额}(发／万吨)=\frac{采煤工作面每循环炮眼个数}{采煤工作面每循环原煤产量(万吨)}\times(1+备用系数)$$

$$(9-9)$$

2）掘进工作面雷管消耗定额

$$\frac{掘进工作面雷管}{消耗定额}(发/km)=\frac{掘进工作面每循环炮眼个数}{掘进工作面每循环进尺数(km)}\times(1+备用系数)$$

$$(9-10)$$

9.2.5.3 配件消耗定额的制定

（1）用统计分析法制定配件单项消耗定额。对使用的配件，如果历年配件平均每台消耗量基本接近，各年份间的变化幅度很小，则配件消耗定额可以历年单耗的算术平均为基础，即：

$$配件单耗定额(件/年台)=\frac{\sum 统计年份单台消耗量(件/台)}{统计年份数(年)}\times修正系数 \qquad (9-11)$$

对历年单耗水平变化起伏较大且无明显规律，在确定修正系数时，一定要认真分析定额执行期内增减变化因素和影响程度，提高定额的可靠性。

（2）用技术查定法制定配件单项消耗定额：

$$配件单耗定额(件／年台)=\frac{12}{配件使用期限(月)}\times每台设备安装件数 \qquad (9-12)$$

9.2.5.4 油脂消耗定额的制定

（1）某注油部位油脂消耗定额：

$$\frac{某注油部位}{油脂消耗定额}(千克／万吨)=\frac{\frac{设备维修一次}{注油量(千克)}\times\frac{设备一年}{维修次数}+\frac{设备一次}{更换油量(千克)}\times\frac{设备一年定期}{更换油脂次数}}{使用该设备工作面年计划产量(万吨)}$$

$$(9-13)$$

（2）单台设备油脂消耗定额：

$$单台设备油脂消耗定额（千克/万吨）=\frac{\sum 一次注油量 \times 年注油次数 + 一次更换油量 \times 年更换次数}{使用该工作面年计划产量（万吨）} \tag{9-14}$$

（3）同类设备油脂消耗定额：

$$同类设备油脂消耗定额（千克/万吨）=\frac{\left(日常维修年耗油量（千克）+定期更换年耗油量（千克）\right) \times 设备台数}{计划年原煤产量（万吨）}$$

$$\tag{9-15}$$

9.3　采掘工作面物资材料的管理方法

9.3.1　采掘工作面物资管理的概念及其意义

采掘工作面物资管理是指使用部门从仓库领出，并已经安装和存留在生产现场，处于使用状态和使用过程中的各种物资的管理。

煤矿企业的生产物资的主要消耗去向是采掘工作面，所以抓好采掘工作面的物资管理是抓好物资管理的关键，它对于发挥物资的效用、节约物资、降低成本、提高产品质量、确保安全生产和提高企业的经济效益都具有十分重要的意义。

（1）加强采掘工作面物资管理有利于降低煤炭成本。目前，在生产矿井的原煤成本构成要素中，除了材料消耗、电力消耗和人员工资外，大部分属于固定费用，只有材料消耗是最有潜力的因素。目前，材料价格上涨幅度较大，材料费约占原煤炭成本的1/3。近几年来，国家为了保证煤炭生产建设的发展，每年安排给煤炭行业的钢材200多万吨，木材400多万立方米，水泥200多万吨，机电产品20亿~30亿元，还有大量的有色金属、化工产品和其他建筑材料，而这些物资大都使用或消耗在生产现场。若能将这些消耗降低百分之一，则是一笔可观的数目。

（2）加强采掘工作面物资管理是充分发挥物资效用的重要途径。由煤矿企业生产的特点可知，煤炭生产过程中投入的大批材料，并不直接构成产品的实体，有相当一部分是可以回收修复利用的，这就为企业挖掘内部潜力，充分发挥采掘工作面物资效用提供了有利条件。抓好工作面的物资管理，首先要抓好物资的使用管理，因为它不仅是节流而且也是开源，即节物资之流，开效益之源。

9.3.2　采掘工作面物资管理的基本组织和要求

采掘工作面管理工作是煤矿管理的一项基本工作，对此必须要加强领导，建立合理的组织，采取有效措施，以保证企业生产经营目标的实现。在长期的管理实践中，煤矿企业在采掘工作面物资管理方面总结出一套行之有效的管理方法，其中，"三级领导"、"四层管理"和"五项基本要求"的组织方式，在煤矿中得到了广泛的应用。

（1）"三级领导"是指矿务局、生产矿井和生产区（队）三级都有一名主管经营工作的行政领导和职能部门（或小组），具体负责采掘工作面的物资管理工作。

（2）"四层组织"是指矿务局、生产矿井、生产区（队）和生产班（组）都设立有关专职部门（或小组），并配有关人员从事采掘工作面的物资管理工作。矿务局的物资供应部门应设立专门管理机构，负责制定采掘工作面的物资管理的各项规章制度和经济政策，并组织定期检查和指导。生产矿井的物资管理部门要成立专门的采掘工作面物资管理领导小组，负责对全矿现场的物资使用、维护等情况进行检查、指导，并及时调剂生产物资的余缺，使之发挥应有的作用。区（队）设立专门的材料员或坑木（或代用品）管理人员，负责编制区（队）生产物资的更新补充计划及物资的使用、回收、复用等管理工作。生产班（组）配备兼职材料员和核算员，具体负责班（组）材料的发放、验收、资料统计等工作，并对班（组）物资的使用进行及时准确地核算。

（3）"五项基本要求"是对采掘工作面物资管理的共性要求：

第一，建立健全岗位责任制。企业要根据责、权、利相结合的原则，建立健全物资管理人员和操作人员的岗位职责和经济责任，做到人人有指标、物物有人管。

第二，建立健全科学合理的管理制度。对采掘工作面所用物资的交接、清点、领退、回收、复用以及以旧换新等都必须制定出切实有效的规章制度，力争做到工作程序化、考核定量化、管理制度化。

第三，建立一支专业回收队或兼职回收队伍。负责采掘工作面物资和废旧物资的搬运、回收、修整、复用和核算等工作。

第四，建立健全原始记录制度。要准确、完整、及时地记录采掘工作面物资的使用、回收、复用及丢失损坏情况，原始记录要做到整洁化、标准化和规范化。

第五，坚持物资使用情况的统计分析制度。要经常对物资的使用、保管、回收、复用、丢失等情况做出分析，对发现的问题要及时采取有效措施解决。

9.3.3　主要材料的使用管理

（1）支护用品的使用管理。支护用品是指用于整个支护过程中的各种结构物和材料的总称。采掘工作面都需要用专门的结构物和材料来支撑，以保证有足够的生产空间和保护工人的生命安全，所以井下支护用品消耗在整个煤矿企业的材料消耗中占有很大的比重。

采掘工作面支护用品一般分为两大类：一类是木材支护，简称木支护；另一类是非木支护，俗称坑代用品。

（2）木支护用品管理。

1）木支护用品的构成。木支护用品主要包括两方面：一是坑木和轨枕；二是由木材边角余料改制的背板、柱帽、柱鞋和木楔等。

2）木支护用品的管理。木支护用品的管理要做好三方面的工作：

一是搞好坑木消耗定额管理。应结合工作面的生产目标，制定出科学、合理的坑木消耗定额，并将定额指标层层落实到队组乃至每名职工。要建立健全坑木消耗的管理制度，做到供应按计划、发料按定额、回收达到规定指标，对坑木实行集中加工、成品供应、整车送达，尽可能减少中间环节，避免因管理不善造成的丢失和浪费。

二是提高原木出材率。原木是指未经纵锯的木材，原木的加工要根据生产需要的规格、数量、质量和形态来摇尺下锯，要保证80%的出材率，对锯的边角料也要尽可能地利用。

三是搞好坑木消耗的对比分析工作。要建立坑木消耗对比分析制度，经常对坑木消耗情况做出实事求是的分析，认识和掌握坑木消耗特点及规律，及时找出管理中的薄弱环节，并采取有力措施加以解决。

（3）非木支护用品的管理。非木支护用品是指用金属、混凝土、石砟或其他材料加工制成的各种非坑木支护用品。它具有数量大、性能好、安全可靠、寿命长、复用率高等优点，在煤矿企业中得到了广泛应用。

1）非木支护用品的构成。主要包括以下两个方面：

① 掘进工作面非木支护用品。如金属支架、水泥支架、锚杆、混合支架、水泥轻轨枕和水泥背板等。

② 采煤工作面非木支护用品。如金属支架、金属铰接顶梁、单休液压支柱、自移式液压支架、柔性掩护支架、切顶墩柱、刚性支柱等。

2）非木支护用品的管理。我国当前非木支护用品耗量最大的是"四铁"，即金属支架、铰接顶梁、金属支柱和单体液压支柱。主要考核指标是"五率"，即丢失率、报废率、损耗率、使用率和维修率，其中以丢失率最为严重，要求铰接顶梁和金属支架的丢失率不得超过 1%，金属支柱的丢失率不得超过 0.5%，这一目标要求高，必须通过全体职工的共同努力才能达到。

非木支护用品的用量大、品种多，必须实行规范化管理。目前，重点煤矿对金属支护用品的管理主要采取以下做法：

① 对采煤工作面支护用品实行"一二三四"制度。"一站队"，即撤回的支柱和顶梁要一律竖立存放，且实行全负荷支撑；"二报数"，即在工作面的支柱、顶梁必须统一编号，且支柱和顶梁相对应；"三挂牌"，即生产部门的坑代组、供应部门的坑代组和区（队）坚持实行挂牌管理；"四不走"，即没有交接班不走，不查清不走，不交清不走，发生丢失没有找到不经领导批准不走。

② 对掘进巷道支护用品建立分巷排牌、按架编号、按号回收、超前替排、满收满回的管理制度。

③ 对支柱实行定期检查、根据试压不合格不下井的质量检查制度。对回收上井的支护用品，要认真检查，对断裂、变形、损坏的，要及时进行调直、整形、焊接和加固；对已修复使用的坑木用品要整齐码放、上盖下垫，以防变形和锈蚀等。

④ 对支护用品供应实行计划用料、定额发放、严格交接和考核验收的制度。

（4）大型材料的使用管理。这里的大型材料仅是指在原煤成本材料费中价格高、用量大、对成本构成有较大影响的钢轨、电缆和输送带。大型材料多用于生产的关键部位，对工作面生产有着举足轻重的作用。因此，供好、管好、用好大型材料是确保采掘工作面生产正常进行的必要条件。在管理上坚持谁用谁管，部门负责，专群结合，管供管用的方法。

1）对各种大型材料管理的一般要求：

① 钢轨。井下用的主要是轻型钢轨。采掘用的钢轨由采掘区（队）管理，无论是矿井专门部门还是采掘运区（队），对钢轨管理都应做到专人负责、定期检查、及时维修，以防撞车和落辙事故发生。

② 电缆。电缆是井下输电网络的重要组成部分，由于井工开采的特殊性，电缆受顶板冒落矸石、矿车压砸、顶板淋水等威胁，易造成漏电、断电或火灾，影响正常生产和危及人身安全，因此必须加强管理，主要做好以下工作：一是建立健全电缆运行维护岗位责

任制，明确部门、岗位职责；二是坚持按质量标准吊挂、防止损伤；三是加强对电缆的统一编号、调拨、检查、切割、回收、修补和报废鉴定等工作，做到一切工作制度化；四是搞好废旧电缆的回收和闲置电缆妥善保管工作。

③ 输送机胶带。输送机胶带是井下和地面运送煤炭的重要工具之一，对输送机胶带的管理要做好以下几方面的工作：一是严格领新交旧制度，供应部门要统一安排回收、维修等工作；二是建立健全运输岗位责任制，输送机要有专人看管，定期注油维护；三是严禁上人乘坐，确保安全；四是建立定期检查、鉴定制度。

2）对大型材料实行"五有"管理。煤矿生产的特点决定了大型材料的使用地点分散多变，给管理增加了一定的难度，煤矿企业根据多年的管理经验，总结出了"五有"管理，并取得了较好的效果。

① 有图纸。根据矿井的采掘工程平面图，绘制出铺设的电缆、输送带、钢轨等管路图件，并用不同的颜色标明大型材料的名称、规格、长度、安装使用时间和服务年限等。管理部门及人员可以随时通过图件了解矿井管线的布置情况，分析和指导生产。

② 有牌板。对所有的大型材料必须实行牌板管理，牌板中应标明材料名称、使用时间和负责人等内容。

③ 有账卡。对矿井的所有材料都必须建账，对大型材料，必须建账卡。账卡应标明材料名称、规格、使用地点、使用部门增减原因及数量、在用数量、结存余量、新旧程度、管理部门等内容。

④ 有制度。要建立健全大型材料的支领、使用、回退、核销等管理制度。

⑤ 有专人管理。对所有大型材料必须责任到人、专人管理，坚持以专为主、专兼结合及专管和群管相结合的原则。

9.3.4 综采配件 ABC 分类管理法

ABC 分类管理法，是现代科学管理中简单适用的管理方法，它是人为地把综采配件按用量大小、金额多少、货源供应情况等分为 A、B、C 三类，以便区别对待各类配件，集中主要力量重点控制用量大、占用资金多的关键性少数品种配件，提高工作效率，保证综采设备检修的需要，ABC 分类法和管理程度如表 9-1 所示。

表 9-1 综采配件 ABC 分类方法与管理程度

项 目		A	B	C
按用量及占用资金分类		用量大、占用资金多的关键零部件，如中部槽、刮压支架、板链、托辊、截齿等	中间状态的零部件，如液压支架乳化液泵等的配件	用量小、占用资金少的零部件，如通讯、照明、磁力启动器、高压开关等的配件
按品种金额分类		约 5000 元以上	500~5000 元	约 500 元以下
按管理程度分类	定额计算	详细	根据过去记录	经验估算
	计划分配	按品种控制实物和资金	分类控制资金	按大类控制资金
	订货采购	力争分批合理供货	尽量按要求供货	一次供货或按储备变化订购
	储备管理	控制严格，保险储备低	分类控制，保险储备较大	按大类控制，保险储备不等
	仓库管理	记录详细，经常检查	一般记录，定期检查	有记录，一般检查
	使用管理	记录详细，经常检查	一般记录，定期检查	有记录，一般检查

　　江苏大屯煤电公司使用计算机辅助综采配件管理，进行 ABC 分类，如表9-2 所示。用曲线图表示其关系，如图9-2 所示。

表9-2　综采配件 ABC 分类

配件分类	品种数占库存品种总数的比重/%	价值占库存资金总额的比重/%
A 类	5	70
B 类	15	20
C 类	80	10

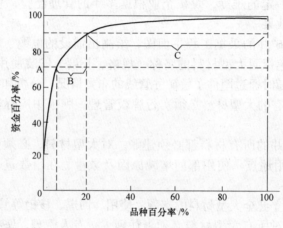

图 9-2　综采 ABC 分类管理曲线图

9.3.5　综采油脂的使用管理

（1）润滑油脂的使用管理，如表9-3 所示。

表9-3　润滑油脂的使用管理

项　目	使用管理要求
取样化验	1. 综采队油脂工应按规定日期取样化验（采煤机用抗磨液压油每15d 取样外观检验一次，一个月取样一次进行全面化验。齿轮油一个月进行一次取样化验）； 2. 取油样应使用专用干净的塑料桶或瓶和塑料软管。在盛油样的桶或瓶上应贴有标签，注明矿、队、工作面名称、设备型号、油的品种、开始使用时间、取样时间和取样部位等； 3. 取出的油样，首先从外观鉴别油的纯度，确定换不换油，当外观检查发现异常现象，又不能判断是否应该换油时，应立即进行化验确定
润滑油脂的代用；建立大型设备润滑档案	综采设备润滑油脂不可随意代用，特殊情况必须代用时，必须符合要求，经矿机电副总工程师批准后方可使用； 大型综采设备，如采煤机、重型刮板输送机、带式输送机等，应建立润滑档案，记录逐年油脂消耗、代用与油脂有关的一切问题，由矿务局油脂科负责填写保管
乳化油的订货与质量；乳化油的验收和检测；乳化液配液用水	1. 乳化油必须向定点厂和经国家认可的单位订货； 2. 乳化油的质量指标，必须符合规定： 　乳化油到货后和使用前要进行验收和监测，测定其外现、黏度、pH 值、自乳化性、稳定性和防锈性能等，不合格不得使用； 　乳化液配液用水，由矿主管用油单位指定化验人员检测和化验，每季度至少监测一次，测定其硬度、pH 值、氯根、硫酸根和机械杂质等，检测结果报送机电矿长或机电副总工程师

项　目	使用管理要求
乳化液的配制和使用、管理	1. 采区机电区长和技术员负责井下使用中乳化液的管理工作； 2. 乳化油配液后应严格检查配液浓度，要达到3%~5%的规定要求。每次交接班还要检测一次浓度是否适合； 3. 泵站各级滤网、过滤器，要经常清洗，保持洁净，乳化液箱2个月彻底清洗一次； 4. 工作中如发现乳化液大量分油、析皂、变色、发臭或不乳化等异常现象，必须立即更换新液，然后查明原因； 5. 泵站乳化液箱应备足量的副油箱，以适应采高变化大且回液和清洗液箱时储液用； 6. 杜绝乳化液的泄漏，保持工作环境卫生，防止污染； 7. 要采用同一牌号、同一厂家生产的乳化油，如两种牌号乳化油混用时要进行乳化油的相溶性、稳定性和防锈性试验，认定合格后经机电副总工程师批准方能使用
乳化油的储存管理	1. 不同牌号的油要分类保管、统一分发，做到早生产的油先用，防止乳化油超期变质； 2. 乳化油的储存期不得超过1年。凡超过储存期的油必须经检验合格才能使用； 3. 桶装乳化油应放在室内，防止日晒雨淋。冬季室内温度不应低于10℃，以保证乳化油有足够的流动性； 4. 乳化油易燃，在储存、运输时应注意防火； 5. 井下存放的乳化油箱，要有明显标记，严格密封，不得敞开； 6. 乳化油的领用和运送应有专人负责，使用专用容器，避免使用铝容器影响乳化油的质量

（2）润滑油的代用。

当规定的润滑油供应不及时或进口设备无相同牌号的润滑油时，就必须选用代用油。代用油主要考虑代用油与原用油的性能指标是否接近，尤其是黏度、闪点、凝点及特殊性能要求的差异。选用代用油时应注意以下几点：

1）按其用途尽量在同类油品中选代用品，如同类油品中无代用品，再从其他类润滑油中选用。

2）对一般机械设备，代用油选用黏度相近或稍高的油，但不要超过原用油黏度的25%，对液压油，选用黏度稍低者；对工作温度变化大的设备，应选黏温性好的代用油；在低温下工作的机械，代用油的凝点低于工作温度10℃~20℃；在高温下工作的机械，代用油的闪点应高于工作温度20~30℃。

3）进口设备所用的代用油应遵循以下原则：按进口设备说明书中规定的油品牌号，选择相应的国产代用油；找不到国产近似油品时，应根据国外油品的主要性能指标、用途和润滑部位的工况条件，选用国产代用油品；无说明书或说明书中未做规定的油品，可将随机所带油品进行化验分析，以所得数据作为选用依据；说明书既无规定又无随机油品时，由技术人员根据润滑部位的工况条件选用油品试用，符合要求后可定为正式使用的油品。

4）综采设备润滑油脂的代用，先由局油脂负责人提出油脂代用报告，经局机电副总工程师批准后方可使用。

9.3.6　火工品管理

（1）火工品的保管运输使用按《煤矿安全规程》及有关规定执行；

（2）采掘工作面的火药、雷管必须分箱保管存放，存量不得超过当班计划使用量；

（3）严格执行专人背药，认真按火工品领用卡规定签字填写领用数量，领用卡一式两份，火药箱内存放一份；

（4）火工品在使用中要分类堆放整齐，不得乱扔乱放。

（5）月底将火工品领用卡交生产科，以便核查管理。

9.3.7　工具仪表的使用管理

采掘工作面的工具、仪表的种类多，根据管理方式的不同，可分为区（队）统一管理的工具、班（组）管理使用的工具及个人使用和保管的工具；根据其价值量的大小，可分为价格较贵的仪器、工具和易损易耗用品。在管理过程中，应根据不同的特点采用不同的管理方法。

（1）区（队）统一管理的工具。区（队）统一管理的工具，设专人管理，设立账卡，坚持科学管理，合理使用，凭证使用和用毕归还，丢失、损坏时赔偿等制度。

（2）班（组）管理使用的工具。各班（组）管理和使用的工具要设立工具箱，要指定专人负责，要建立保管卡和日常维护制度，逐日逐班检查清点，坚持本班交还、次班再领的管理制度。

（3）个人使用和保管的工具。对个人使用和保管的工具，如电工刀、改锥、活口扳子、钳子等要严格批领制度，坚持实行以旧换新、丢失损坏酌情赔偿的办法，对超期使用的要给予适当奖励。在工作调动时，要坚持办理工具移交和退还手续。

（4）价格较贵的通用仪器和工具。要坚持管理、分级负责的办法，要建账卡，统一修配，要坚持凭证借用、用毕归还的制度。

（5）易损易耗用品。对易损易耗用品，如钉子、铅丝、手锯条等应严格坚持按消耗定额供应、随用随支、余料还回的制度，要注意加强现场使用管理，以促进节约使用。

9.3.8　材料发放管理

煤矿工业企业的材料发放分两级进行：一是对一些大型材料由矿物资仓库直接发放；二是对一些经常使用的零星手头材料先由矿仓库按一定时期的需要量发给区（队），再由区（队）进行管理和发放。材料的发放要坚持"四定四有"的管理形式，即定地点、定品种、定数量、定经费；有账卡、有发放手续、有管理制度、有专人负责。通过"四定"，可合理控制材料发放点存储的物资品种和数量，既保证生产需要又能有效地防止储量盲目增大。通过"四有"管理形式可以加强对账外物资的管理，做到账卡手续齐全，底数清楚，有利于堵塞漏洞、减少浪费和损失。

复习思考题

（1）何谓物资和物资管理？

（2）物资如何进行分类？

（3）采掘工作面物资管理的任务和内容有哪些？

（4）何谓物资消耗定额？制定消耗定额的方法有哪几种？

（5）采掘工作面坑木、火工品、配件、油脂的消耗定额如何制定？

（6）何谓采掘工作面物资管理？搞好采掘工作面物资管理有何现实意义？

参 考 文 献

[1] 吕梦蛟，阎海鹏. 煤矿区队生产管理［M］. 徐州：中国矿业大学出版社，2008.

[2] 李锦生，谢明荣，等. 现代煤矿企业管理［M］. 徐州：中国矿业大学出版社，2006.

[3] 季建华. 生产运作管理［M］. 上海：上海人民出版社，2004.

[4] 潘家轺. 现代生产管理学［M］. 北京：清华大学出版社，2003.

[5] 全国煤矿安全技术培训通用教材［M］. 采煤区（队）长. 北京：煤炭工业出版社，2003.

[6] 全国煤矿安全技术培训通用教材［M］. 采煤班（组）长. 北京：煤炭工业出版社，2003.

[7] 全国煤矿安全技术培训通用教材［M］. 掘进区（队）长. 北京：煤炭工业出版社，2003.

[8] 全国煤矿安全技术培训通用教材［M］. 掘进班（组）长. 北京：煤炭工业出版社，2003.

[9] 郭豫宏，等. 区队生产管理［M］. 北京：煤炭工业出版社，1992.

[10] 潘佐春，等. 区队劳动工资管理［M］. 北京：煤炭工业出版社，1992.

冶金工业出版社部分图书推荐

书　名	作　者	定价(元)
现代企业管理(第2版)(高职高专教材)	李　鹰	42.00
Pro/Engineer Wildfire 4.0(中文版)钣金设计与焊接设计教程(高职高专教材)	王新江	40.00
Pro/Engineer Wildfire 4.0(中文版)钣金设计与焊接设计教程实训指导(高职高专教材)	王新江	25.00
应用心理学基础(高职高专教材)	许丽遐	40.00
建筑力学(高职高专教材)	王　铁	38.00
建筑CAD(高职高专教材)	田春德	28.00
冶金生产计算机控制(高职高专教材)	郭爱民	30.00
冶金过程检测与控制(第3版)(高职高专教材)	郭爱民	48.00
天车工培训教程(高职高专教材)	时彦林	33.00
机械制图(高职高专教材)	阎　霞	30.00
机械制图习题集(高职高专教材)	阎　霞	28.00
冶金通用机械与冶炼设备(第2版)(高职高专教材)	王庆春	56.00
矿山提升与运输(第2版)(高职高专教材)	陈国山	39.00
高职院校学生职业安全教育(高职高专教材)	邹红艳	22.00
煤矿安全监测监控技术实训指导(高职高专教材)	姚向荣	22.00
冶金企业安全生产与环境保护(高职高专教材)	贾继华	29.00
液压气动技术与实践(高职高专教材)	胡运林	39.00
数控技术与应用(高职高专教材)	胡运林	32.00
洁净煤技术(高职高专教材)	李桂芬	30.00
单片机及其控制技术(高职高专教材)	吴　南	35.00
焊接技能实训(高职高专教材)	任晓光	39.00
心理健康教育(中职教材)	郭兴民	22.00
起重与运输机械(高等学校教材)	纪　宏	35.00
控制工程基础(高等学校教材)	王晓梅	24.00
固体废物处置与处理(本科教材)	王　黎	34.00
环境工程学(本科教材)	罗　琳	39.00
机械优化设计方法(第4版)	陈立周	42.00
自动检测和过程控制(第4版)(本科国规教材)	刘玉长	50.00
金属材料工程认识实习指导书(本科教材)	张景进	15.00
电工与电子技术(第2版)(本科教材)	荣西林	49.00
计算机网络实验教程(本科教材)	白　淳	26.00
FORGE塑性成型有限元模拟教程(本科教材)	黄东男	32.00